MATHEMATISCH-PHYSIKALISCHE
BIBLIOTHEK
HERAUSGEGEBEN VON W. LIETZMANN UND A. WITTING
1

ZIFFERN UND ZIFFERNSYSTEME

I. TEIL
DIE ZAHLZEICHEN DER ALTEN KULTURVÖLKER

VON
DR. EUGEN LÖFFLER
REGIERUNGSRAT BEI DER K. MINISTERIALABTEILUNG
FÜR DIE HÖHEREN SCHULEN IN STUTTGART

ZWEITE, NEU BEARBEITETE AUFLAGE

1918

Springer Fachmedien Wiesbaden GmbH

ISBN 978-3-663-15174-6 ISBN 978-3-663-15737-3 (eBook)
DOI 10.1007/978-3-663-15737-3

Ursprünglich erschienen bei B.G. Teubner in Leipzig 1918.

VORWORT

Die zweite Auflage dieser Schrift, deren Erscheinen sich infolge der militärischen Dienstleistung des Verfassers verzögerte, ist völlig neu bearbeitet und mit dem neuesten Stand der Forschung in Einklang gebracht. Aus äußeren Gründen mußte sie in zwei Teile zerlegt werden; der erste behandelt im wesentlichen die Zahlenschreibung bei den alten Kulturvölkern außer den Römern, während der zweite die Entwicklungsgeschichte der gegenwärtig fast in der ganzen Welt gebräuchlichen römischen und arabischen Ziffern sowie die heute in Ostasien üblichen Zahlzeichen nebst einem allgemeinen Überblick über die Prinzipien der Ziffernschrift bringt. Da auf Quellennachweise im Text aus Raumgründen verzichtet werden mußte, so wurde jedem Teil eine Übersicht über die Literatur beigefügt. Von der umfangreichen, weit zerstreuten und oft schwer zugänglichen Spezialliteratur, die verarbeitet wurde, konnte jedoch nur ein kleiner Teil angeführt werden, nämlich solche Werke und Aufsätze, die dem Leser über allgemeine Fragen weiteren Aufschluß zu geben vermögen, oder die in besonderem Maße benutzt worden sind.

Auch die zweite Auflage verfolgt den Zweck, für einen größeren Kreis von Gebildeten die Ziffern im Lichte der Kulturgeschichte darzustellen, sowohl nach ihrer äußeren Gestalt als nach den Prinzipien, die von den verschiedenen Völkern bei der Zahlenschreibung befolgt werden. Ich hoffe aber, daß diese zweite Auflage, ebenso wie die erste, auch den Mathematikern von Fach und den Philologen einiges Neue und Interessante bieten wird.

Stuttgart, im Mai 1918.

E. Löffler.

INHALTSVERZEICHNIS

EINLEITUNG

WESEN UND BEDEUTUNG DER ZIFFERNSCHRIFT

Die exakten Wissenschaften suchen ihre Gegenstände nicht allein durch Beobachtung und Überlegung, sondern vor allem durch Messung und Rechnung dem Verständnis näher zu bringen. Sie geben sich nicht mit der Qualität der Erscheinungen zufrieden, sondern suchen nach einer quantitativen, zahlenmäßigen Beziehung. Der Weltkrieg hat die hervorragende Bedeutung dieser Wissenschaften auch denen zum Bewußtsein gebracht, die vorher wenig von ihnen wußten. Der Begriff der *Zahl* hat deshalb weit über den Kreis der Mathematiker hinaus eine Bedeutung erlangt und spielt in Handel und Industrie, in Wissenschaft und Technik sowie im staatlichen und gesellschaftlichen Leben der Menschen eine überaus große Rolle.

Obgleich wir täglich und stündlich mit Zahlen umgehen, würden doch die meisten Menschen in große Verlegenheit geraten, wenn sie den Begriff der Zahl logisch und psychologisch entwickeln sollten.[1]) Aber auch in der äußeren Schreibweise zeigt die Zahl eine Besonderheit, die sich bei keinem anderen Begriffe des täglichen Lebens findet: wir bezeichnen die Zahlen mit Hilfe von *Ziffern,* jenen merkwürdigen, fremdartigen Zeichen, die mit den Buchstaben unserer gewöhnlichen Schrift nur wenig Ähnlichkeit haben. Die Sätze $5 + 7 = 12$ und „fünf und sieben gibt zwölf" sind nämlich ihrer Schreibweise nach grundverschieden, obwohl beide in unserem Bewußtsein dieselben Vorstellungen auslösen. In der Tat sind die Zeichen des ersten Satzes Symbole für *Begriffe,* diejenigen des zweiten Satzes sind Symbole für *Laute* und *Silben.* Die erstere Art zu schreiben verstehen alle Kulturvölker; die letztere versteht nur derjenige, der die deutsche Sprache

1) Vgl. hierzu Bd. 2 dieser Sammlung: H. Wieleitner, *Der Begriff der Zahl in seiner logischen und historischen Entwicklung.*

kennt. Damit hängt wohl auch die psychologisch merkwürdige Tatsache zusammen, daß das Zählen, Rechnen und Zahlenlesen in einer fremden Sprache sehr schwierig ist und von den meisten Menschen nie erlernt wird.

Von vielen Menschen werden die Probleme, die in diesen Tatsachen liegen, gar nicht als solche empfunden, weil wir alle von Kindheit an täglich mit Zahlen und Ziffern umgehen. Das Alltägliche erscheint uns selbstverständlich, und wenn es auch noch so viele Rätsel birgt. Jedermann weiß wohl, daß unsere Ziffern noch nicht sehr lange im Gebrauch sind, und daß man noch im Mittelalter allgemein die Zahlen mit römischen Ziffern schrieb, die ja auch heute noch zu besonderen Zwecken bei uns verwendet werden. Aber was war *vor* den römischen Ziffern? Wer hat unsere modernen Ziffern erfunden, mit denen das Rechnen zum Kinderspiel wurde, während es früher eine nur wenigen bekannte Kunst war? Mit welchen Zeichen wurden und werden die Zahlen sonst in der Welt geschrieben?

Es gehört zu den interessantesten Kapiteln der Kulturgeschichte, die Entwicklung der Zahlzeichen von den ältesten Zeiten an zu verfolgen. Man bekommt dabei nicht nur reizvolle Einblicke in die Entwicklung des mathematischen Denkens der Menschheit, sondern es zeigen sich auch überraschende Zusammenhänge zwischen den verschiedensten Völkern. Steht schon die *Geschichte der Mathematik* im allgemeinen in einer innigen und eigentümlichen Beziehung zu der *Kulturgeschichte der Völker*, so gilt dies für die Geschichte der Zahlzeichen in einem ganz besonderen und engeren Sinne. *Erstens* nämlich sind für die Geschichte der Zahlzeichen auch solche Völker von Interesse, die auf dem Gebiet der Mathematik nichts geleistet haben. Denn die Zahl und das Zählen hängen so unmittelbar mit der Praxis des täglichen Lebens zusammen, daß sie auch den Völkern niedrigster Kulturstufe bekannt sind. Ferner aber haben bei den meisten Volksstämmen die Bedürfnisse des Tauschverkehrs und des Handels von selbst dazu geführt, den darauf bezüglichen Mitteilungen und Tatsachen eine längere Dauer zu sichern; denn nirgends ist bei Meinungsverschiedenheiten der Streit erbitterter, als wenn es sich um das Mein und Dein handelt. Jede Festlegung von Zahlvorstellungen ist aber eine

Art Ziffernschrift. Es wäre daher sehr wertvoll, wenn wir genauere Mitteilungen hätten über etwaige Zahlzeichen oder Ziffernsysteme bei den auf niedriger Kulturstufe stehenden Völkern der Jetztzeit. Über die Zahlwörter dieser Völker sind zwar manche Einzelheiten bekannt; aber über ihre Zahlzeichen haben wir fast gar keine Nachrichten. *Zweitens* aber hängt die Geschichte der Zahlzeichen bei den alten und neuen Völkern aufs engste zusammen mit der Geschichte und Entwicklung der *Schrift,* und deshalb haben sich zu ihrer Erforschung die verschiedensten Gelehrten, Mathematiker, Philologen und Historiker, in edlem Wettstreit vereinigen müssen. Es gibt wenig Sondergebiete menschlicher Forschung, in denen so viele verschiedenartige Quellen zusammenfließen wie in der Geschichte der Zahlzeichen; andererseits aber finden wir in ihr viele Tatsachen, die auf einen gemeinsamen Ursprung der Elemente menschlicher Kultur hinweisen.

Da die Ziffernschrift als eine besondere Art der Schrift überhaupt zu betrachten ist, so ist es für das Verständnis des folgenden notwendig, zunächst einiges über die *Schrift* im allgemeinen vorauszuschicken.

Gedanken, innere Erlebnisse und Worte sind ursprünglich nur für die Selbstgewißheit des Bewußtseins und für das *Ohr* erfaßbar und darum in ihrer Wirkung den engsten Schranken von Raum und Zeit unterworfen. Die *Schrift* hat den Zweck, diese Gedanken, Erlebnisse und Worte für das *Auge* wahrnehmbar zu machen und sie so von jenen beiden Schranken zu befreien. Sie dehnt also den Einfluß des einzelnen auf die ganze Sprachgenossenschaft und auf alle nachfolgenden Geschlechter aus. Erst die Erfindung des *Phonographen,* der auch den Klang der Stimme über Raum und Zeit hinweg dem Ohre bewahrt, bedeutet einen weiteren wesentlichen Fortschritt in dieser Richtung.

Wenn wir heute unseren Namen oder irgend etwas anderes schreiben, so wählen wir zu diesem Zweck Schriftzeichen, die alle Deutschen und, wenn wir lateinisch schreiben, die meisten Europäer und Amerikaner auch wählen würden. Wir denken dabei kaum daran, daß unsere gegenwärtige Schrift eine dreitausendjährige Entwicklung hinter sich hat, und daß sie aufs engste zusammenhängt mit der Geschichte der ganzen abendländischen Kultur. Diese Schrift ist eine *Laut-* oder *Buchstabenschrift,* in der die einzelnen Laute der Worte, und damit diese selbst und die ihnen entsprechenden Begriffe dargestellt werden. Jede Buchstabenschrift stammt aber ab von einer *Bilderschrift,* in der nicht die Worte, sondern die Gedankengänge unmittelbar festgehalten sind; dabei werden die sichtbaren Gegenstände durch eine Abbildung und die unsichtbaren Gegenstände sowie abstrakte Begriffe durch sichtbare Dinge veranschaulicht, die als Symbole aufzufassen sind. Reine Bilderschriften sind z. B. die ältesten ägyptischen Hieroglyphen, die alte Schrift der Chinesen, die Schriften der Azteken und Maya (Ureinwohner von Mexiko und Yucatan) sowie einiger afrikanischer Stämme. Durch Verkürzung der Bilder kann hieraus allmählich eine *Wortschrift* entstehen, wie sie in Ostasien von Tibet bis Japan benutzt wird; in dieser hat jedes Wort sein besonderes Zeichen, das mit dem ursprünglichen Bild kaum mehr eine Ähnlichkeit aufweist. Wenn dann diejenigen Zeichen, die einsilbige Wörter darstellen, gleichzeitig auch dieselbe Silbe in Zusammensetzungen bedeuten (wie wenn z. B. das Bild für „das Ei" auch beliebig zur Bezeichnung der Silbe „ei" verwendet wird), so haben wir die *Silben-* oder *Rebusschrift,* die häufig mit der Wort- und Hieroglyphenschrift gemischt auftritt. Werden endlich noch für die einzelnen immer wiederkehrenden Sprechlaute, aus denen sich die Rede zusammensetzt, besondere Zeichen erfunden, so entsteht die *Laut-* oder *Buchstabenschrift.* Jede natürliche Schrift ist in letzter Linie hervorgewachsen aus einer Bilderschrift; in der Praxis wurde sie allmählich stilisiert und vereinfacht, ging dabei in eine Wort- und Silbenschrift über und wurde bei einigen Völkern schließlich zu einer Lautschrift. Wir werden später an den Beispielen der ägyptischen und babylonischen Schrift sehen, wie sich dieser allmähliche Übergang vollzog.

Unser eigenes Alphabet, ebenso wie die Schriftsysteme fast aller neueren Kulturvölker mit Ausnahme der Chinesen, stammt ab von dem Alphabet der *Phöniker,* eines semitischen Volks des Altertums. Die phönikische Schrift war eine von rechts nach links zu lesende Buchstabenschrift, in der jeder Konsonant sein besonderes Zeichen hatte, die Vokale aber ursprünglich überhaupt nicht bezeichnet wurden; denn in den semitischen Sprachen gelten die Konsonanten als die eigentlichen Träger der Bedeutung eines Wortes, während die Vokale nur Abschattungen der Grundbedeutung ausdrücken. Man nimmt an, daß diese ursprünglich aus 22 Konsonantenzeichen bestehende altsemitische Buchstabenschrift zwischen 1500 und 1000 v. Chr. entstand. Deren älteste Gestalt zeigen eine auf Zypern gefundene phönikische Inschrift aus dem 10. Jahrhundert v. Chr. und eine Steininschrift, die im alten Lande der Moabiter östlich vom Toten Meer gefunden und wohl unter der Regierung des Königs Mesa von Moab (um 890 v. Chr., vgl. II. Könige 3, Vers 4) geschrieben wurde. Die Phöniker brachten ihre Buchstaben in jene ganz bestimmte Reihenfolge, die heute noch in unserem „Alphabet" im wesentlichen dieselbe ist (vgl. Abschn. IV).

Über den Ursprung dieser phönikischen Schrift läßt sich zur Zeit nichts Sicheres sagen. H. Schneider glaubt neuerdings, sie von einer auf der Insel Kreta aus einer Bilderschrift entstandenen phonetischen Schrift herleiten zu können, die bei neueren Ausgrabungen dort entdeckt wurde, aber bis jetzt noch nicht entziffert worden ist. Als Vermittler zwischen Kreta und Syrien könnten die Philister in Betracht kommen.

Das phönikische Alphabet wurde von den übrigen semitischen Völkern ohne wesentliche Änderungen übernommen; es entwickelten sich daraus durch Anpassung an den Lautbestand der einzelnen Sprachen das *althebräische*, das *aramäisch-syrische* und das *arabische* Alphabet; das letztere wurde später auch benutzt, um Persisch und Türkisch zu schreiben. Aus einer alten Form des aramäisch-syrischen Alphabets entstand durch Weiterbildung und Anpassung an den Lautbestand der indogermanischen Sprachen schon in früher Zeit die *Zendschrift* in Iran und das älteste *Sanskritalphabet,* aus dem alle übrigen indischen Schriftsysteme abgeleitet sind.

Bei der ununterbrochenen Berührung der Phöniker mit den *Griechen* auf den Inseln des Ägäischen Meeres ist es leicht verständlich, daß dieses Volk auch mit der phönikischen Schrift bekannt wurde. Zwar gab es, wie schon erwähnt, auf der Insel Kreta schon vor der dorischen Wanderung im 3. und 2. Jahrtausend v. Chr. eine Hieroglyphen-

und eine lineare Silbenschrift; im Peloponnes wurde durch die Ausgrabungen in Mykene eine ebenfalls noch unentzifferte *mykenische* Schrift nachgewiesen, und die griechischen Kolonisten auf Zypern schrieben die griechische Sprache bis zur Zeit der Perserkriege in einer fremdartigen, schwerfälligen Silbenschrift. Aber ums Jahr 1000 v. Chr. eigneten sich die Griechen die weit vollkommenere phönikische Buchstabenschrift an, zuerst wahrscheinlich auf Kreta. Die ältesten inschriftlichen Denkmäler in gemeingriechischer Schrift stammen aus dem Anfang des 7. oder Ausgang des 8. vorchristlichen Jahrhunderts.

Die Richtung der Schrift war bei den ältesten Griechen linksläufig wie bei ihren Lehrern; später (zur Zeit Solons) pflegte man in der Art zu schreiben, wie die Rinder beim Pflügen gehen, d. h. man schrieb abwechselnd eine Zeile links- und rechtsläufig (*Bustrophedon-* oder *Furchenschrift*), und am Anfang des 5. Jahrhunderts v. Chr. ging man zur rechtsläufigen Schrift über.

Durch die Griechen kam das um die Vokalreihe erweiterte und auch sonst veränderte phönikische Alphabet nach der Apenninenhalbinsel. Die *Etrusker* lernten etwa im 8. Jahrhundert v. Chr. die Schrift durch die griechischen Kolonisten am Golf von Neapel kennen, und so wurde jenes Alphabet auch die Grundlage der *lateinischen Schrift,* wobei es natürlich wieder manche Veränderungen durchmachte. Die älteste lateinische Inschrift, die in Furchenschrift geschrieben ist, setzt man ins Jahr 600 v. Chr.; auch linksläufige lateinische Inschriften sind bekannt, doch gingen die Römer ebenfalls bald zur rechtsläufigen Schrift über.

Die römischen Legionen und später die römische Kirche haben diese Schrift nach Westen und nach Norden zu allen Völkern Europas getragen, und die gemeinsame lateinische Schrift wurde ein wichtiges Bindemittel für die Völker des Abendlandes. Auch unsere sogenannte *deutsche* oder *Frakturschrift* ist nur eine verschnörkelte Umbildung der lateinischen.

Wir wenden uns nun im besonderen zu der *Ziffernschrift.* Bei allen Völkern und in allen Schriftsystemen findet man eigene Symbole für die Zahlen. In der reinen Bilderschrift und in der Wort- und Silbenschrift sind die Ziffern mit der übrigen Schrift gleichartig: jede Ziffer stellt einen Begriff dar. Aber in der Buchstabenschrift nehmen sie eine eigentümliche Sonderstellung ein. Die Ziffern haben gar keine Beziehung zu den Lautelementen des Wortes, das ihnen entspricht; sie sind auch nicht abgekürzte Zeichen für die Zahl*wörter,* zu dem Zweck erfunden, um das umständliche Schreiben der langen Zahlwörter zu vermeiden, sondern sie sind lautlose Zeichen, die einen abstrakten Begriff, nämlich den der Zahl, im Geist hervorrufen sollen: *die Ziffernschrift ist* demnach *eine Ideen- oder Begriffsschrift,* wie die älteste Bilderschrift. Allerdings werden wir sehen, daß z. B. das älteste griechische Ziffernsystem aus den Anfangsbuchstaben gewisser Zahlwörter bestand; aber dieser Zusammenhang zwischen Zahlzeichen und Zahlwörtern ist im Laufe der Zeit vollständig in Vergessenheit geraten, und die Zahlzeichen wurden später als reine Begriffsschrift gebraucht. Auch bei denjenigen Ziffernsystemen, welche beliebige andere Buchstaben des Alphabets als Ziffern verwenden, verloren die Buchstaben ihren lautlichen Charakter vollständig und wurden zu symbolischen Zeichen für die Zahlbegriffe. Dieser Umstand erklärt die Tatsache, daß Völker der verschiedensten Sprachen und Schriften die Ziffern voneinander entlehnen konnten, und daß heute bei den meisten Kulturvölkern dasselbe Ziffernsystem sich eingebürgert und in gewissem Sinne den Unterschied der einzelnen Sprachen überbrückt hat. Das Zeichen 25 erweckt in den Angehörigen der verschiedensten Nationen dieselbe Vorstellung, wenngleich es von jedem Volk anders gesprochen wird.

Die *allgemeine Bedeutung der Ziffernschrift* setzen wir am besten dadurch ins rechte Licht, daß wir auf einige Mängel der gewöhnlichen Schrift hinweisen, die sie allerdings mit der Sprache selbst teilt. Die Worte der Sprache haben selten eine ganz feste, unzweideutige Bedeutung, sondern sie weisen immer ein leises Schwanken auf, eine leichte Biegsamkeit, die sie für das tägliche Leben, für die Bedürfnisse von Herz und Gemüt sehr bequem macht. Für den Gebrauch der Worte in der Wissenschaft aber, die es mit scharfen, eindeutigen Begriffen und mit streng logischen Schlüssen zu tun hat, sind diese Schwankungen in der Bedeutung eines Wortes sehr gefährlich, und oft streiten wir uns um Worte, denen der eine diesen, der andere jenen Sinn unterlegt. Es ist klar, daß alle Silben- und Buchstabenschriften diese Mängel teilen, während eine reine Begriffsschrift, die für jeden Begriff ein festes Zeichen verwendet, davon frei ist, falls diese Begriffe selbst scharf und bestimmt sind.

Die Mathematik, bei der es am meisten unter allen Wissenschaften auf scharfe und eindeutig festgelegte Begriffe ankommt, ist seit den ältesten Zeiten im Besitz solcher Zeichen. In der Tat erfüllen die Zahlzeichen alle Forderungen, welche man an eine Begriffsschrift stellen kann, da sie einen einzigen, von allem nebensächlichen Beiwerk befreiten Begriff unzweideutig bezeichnen. Neben den Zahlzeichen benutzt die Mathematik bekanntlich noch eine große Anzahl von besonderen Begriffszeichen, die nur dem Eingeweihten verständlich und leider mit ein Grund dafür sind, daß weite Kreise der Gebildeten den mathematischen Wissenschaften fremd gegenüberstehen. Aber gerade diese einer Begriffsschrift angehörigen Zeichen, die für jene erwähnte Schwankung in der Bedeutung der Worte und ihrer Lautbilder keinen Raum lassen, haben der Mathematik die größte Unterstützung, Erleichterung und Förderung gebracht; sie ermöglichen eine *Ökonomie des Denkens*, die in keiner anderen Wissenschaft erreicht wird. Daß die reine Größenlehre in den Ziffernsystemen seit alters eine solche Begriffsschrift besitzt, beruht unter anderem darauf, daß in ihrem Bereich die Anzahl der Grundbegriffe verhältnismäßig klein ist, und daß diese wenigen Grundbegriffe nur den vier einfachen Verknüpfungen: Addition, Subtraktion, Multiplikation und Division unterliegen.

Es sei hier bemerkt, daß wiederholt versucht wurde, auch für andere Wissenschaften eine Begriffsschrift auszubilden, die mit Hilfe einiger weniger Zeichen für die einfachsten Begriffe alle zusammengesetzten Begriffe innerhalb eines bestimmten Gedankenkreises darzustellen erlaubt. Gottfried Wilhelm Leibniz (1646—1716) versuchte, mit einer solchen Begriffsschrift ein wichtiges Förderungsmittel für die Logik und Metaphysik zu schaffen, und im 19. Jahrhundert führte die Verfolgung dieser Gedanken zur Schöpfung des *Logikkalküls* oder der *mathematischen Logik,* die für die Theorie des Schließens von Wichtigkeit wurde.

Die *theoretischen Forderungen,* die wir an ein durchgebildetes Ziffernsystem stellen müssen, hat H. Hankel (1839 bis 1873), einer der geistvollsten Geschichtschreiber der Mathematik, mit folgenden Worten zusammengefaßt: „Das ideale Ziffernsystem muß in größter Kürze und klarster Anschaulichkeit mit möglichst wenig willkürlichen Zeichen jede Zahl nach ihrem Begriffe, d. h. nach ihrer Entstehung im Zahlensystem, darzustellen vermögen." Es ist begreiflich, daß die Zahlzeichen der primitiven Völker diese Forderungen nur in ganz ungenügender Weise erfüllten; bestanden sie doch, wie wir sehen werden, vielfach nur aus einfachen Strichen, die in Holz eingekerbt oder in den Sand gezeichnet wurden! Auch verdanken sie ihre Entstehung sicherlich ursprünglich nicht solchen theoretischen Überlegungen, sondern in erster Linie den Anforderungen, welche das tägliche Leben stellt. Sobald sich aber bei einem Volk wissenschaftliches Interesse regte, begannen seine Gelehrten sich auch mit mathematischen Fragen zu beschäftigen, und daraus ergab sich häufig eine verstandesmäßige Betrachtung und Vervollkommnung der Zahlzeichen. Wir finden deshalb schon bei den ältesten Kulturvölkern der Erde ausgebildete Ziffernsysteme, in denen jene oben ausgesprochenen theoretischen Forderungen teilweise erfüllt sind. Im einzelnen zeigen aber die alten Ziffernsysteme die verschiedensten Prinzipien, die oft bunt durcheinander gehen. Im allgemeinen befolgen die meisten Völker in der Zahlenschreibung das sogenannte *Gesetz der Größenfolge,* das H. Hankel zuerst aufgestellt hat. Es besteht darin, daß *bei allen mit Hilfe der Addition zusammengesetzten Zahlen die höhere Stufe der niederen vorangeht.* Dabei ist natürlich die Richtung der Schrift des betreffenden Volkes maßgebend, so daß also die höhere Stufenzahl bei linksläufiger Schrift rechts, bei rechtsläufiger Schrift links von der niedrigeren steht. Wir werden von diesem Gesetz viele Beispiele kennen lernen; doch sei gleich hier bemerkt, daß durch neuere Forschungen auch zahlreiche Ausnahmen festgestellt worden sind.

Bei jeder Untersuchung über die Ziffernschrift eines Volkes ist es notwendig, auch dessen Buchstaben, bzw. seine Silben- und Wortzeichen, zu berücksichtigen. Denn wenn auch die Ziffernschrift dem Prinzip nach von der gewöhnlichen

Schrift oft abweicht, so hat doch sicher bei jedem Volk sowohl in der Gestaltung der Ziffern als auch in der Formung der Buchstaben dasselbe *künstlerische Gefühl* und derselbe *Formensinn* gewaltet. Zwar hat nicht jedes Volk sich ein eigenes Ziffernsystem geschaffen, so wenig jedes Volk sich eine eigene Schrift erdachte. Wo dies aber der Fall war, wie z. B. bei den Babyloniern, den Ägyptern und den Chinesen, da werden wir finden, daß die Zahlzeichen und die übrigen Schriftzeichen denselben Typus aufweisen. Wie die meisten Völker die Schrift von einem älteren Volk entlehnten, so kam es auch häufig vor, daß ein Volk das Ziffernsystem eines andern übernahm. Meistens entlehnte es jedoch nur das *Prinzip* und schuf sich die *Zeichen* selbst, oder aber es fand zwischen den eindringenden Zahlzeichen und den schon einheimischen Schriftzeichen eine weitgehende *Angleichung* statt. Selbst den umgekehrten Fall werden wir finden, daß nämlich die Zeichen eines alteingebürgerten Ziffernsystems sich den Buchstaben einer später eindringenden Schrift anpaßten. Daß eine solche Angleichung zwischen unseren heutigen Ziffern und Buchstaben nicht oder nur in geringem Maße stattfindet, erklärt sich einerseits daraus, daß unsere Ziffern erst verhältnismäßig spät im Abendland in Gebrauch kamen, andererseits daraus, daß sie bei den vielfachen Handelsbeziehungen der heutigen Kulturvölker als internationales Verständigungsmittel dienen, und daß auch die Buchstaben bei der Mehrzahl der Völker dieselben sind.

Aus den angeführten Gründen ist zu erwarten, daß eine Vergleichung zwischen den Zahlzeichen und den übrigen Schriftzeichen eines Volks für die Frage nach der Entstehung der ersteren wertvoll ist, und deshalb werden wir, soweit sich dies als notwendig erweist, der Betrachtung der Zahlzeichen eines Volkes einige Bemerkungen über seine *Schrift* vorausschicken. Diese aber steht im engsten Zusammenhang mit dem allgemeinen *Kulturzustand,* den wir deshalb, wenigstens bei den ältesten Völkern, zu streifen haben. Daß auch einige Hinweise auf den Stand der *mathematischen Kenntnisse* jedes Volkes nicht umgangen werden können, ist bei unserem Gegenstand selbstverständlich.

ERSTER ABSCHNITT

DIE ANFÄNGE DER ZAHLENSCHREIBUNG

Die tatsächlichen Kenntnisse über Zahlen und Ziffern, die wir aus der Durchforschung alter Bauten, Denkmäler und Inschriften schöpfen können, reichen kaum über das vierte Jahrtausend vor Beginn unserer Zeitrechnung hinaus, und Bruchstücke mathematischer Werke der Ägypter und Babylonier sind uns erst aus dem 3. Jahrtausend v. Chr. bekannt. Aber diese Bruchstücke mathematischen Wissens können nur die Endglieder einer langen Entwicklungsreihe sein: die majestätischen Pyramiden der Ägypter, die unscheinbaren Tontäfelchen, die im Tale des Euphrat gefunden wurden, und auf denen manche Erkenntnisse der Zahlentheorie eingeritzt sind, weisen unser geistiges Auge zurück in nebelhafte Fernen, in denen der Keim jener Kenntnisse liegen muß.

Es ist wahrscheinlich, daß schon in den allerersten Zeiten der geistigen Entwicklung des Menschengeschlechts, bei den vorgeschichtlichen Menschen des Diluviums, mehr oder minder klare Vorstellungen von der Zahl und der Größe vorhanden waren, und daß der erste Keim des Zahlbegriffs weit vor Beginn der Sprachenbildung und der Erfindung der Schrift zu suchen ist. Die älteste und erste mathematische Tätigkeit des Menschen, das *Zählen*, sieht vollständig ab von der besonderen Natur einer Gruppe von Gegenständen und bringt nur ein *einziges* Merkmal dieser Gruppe zum Bewußtsein, nämlich ihre Anzahl. Dazu ist keine Lautsprache nötig, es genügt eine Gebärdensprache; und so werden wir uns vorstellen dürfen, daß die ältesten Menschen mit Hilfe der Finger und Zehen gezählt haben, indem sie diese einzeln den zu zählenden Dingen zuordneten, wie es heute noch die Kinder und die auf niedrigster Bildungsstufe stehenden Völker machen. Mit diesen Hilfsmitteln konnten die einfachsten Zahlen dargestellt und kleine Additionen, Subtraktionen, ja selbst Multiplikationen bewerkstelligt werden, so daß die Anfänge des Rechnens mit denen des Denkens überhaupt zusammenfallen.

Auch später, als die Menschen längst den Gebrauch der Sprache erlernt hatten und eine schriftliche Darstellung der Zahlen bekannt war, haben die Bedürfnisse der Praxis, des

Handels und Verkehrs die des Schreibens weniger kundigen Menschen zu einer symbolischen Darstellung der Zahlen mit Hilfe einer Gebärdensprache der Finger veranlaßt. Ägypter, Griechen, Römer und alle orientalischen Völker haben, und zwar im wesentlichen in derselben Weise, durch Ausstrecken und Beugen der Finger und Hände alle Zahlen bis zu einer Million darstellen können. Diese *Fingerzahlen* boten eine sinnliche Hilfe und Unterstützung für das gesprochene Wort; sie waren, ebenso wie das damit verbundene sinnreiche *Fingerrechnen,* bis ins Mittelalter hinein üblich, und Reste davon finden sich heute noch bei Stämmen von geringer Bildungsstufe. Wie wir uns heute eine Zahl aufschreiben, so wurde im Altertum während des Aussprechens die Zahl durch gewisse Stellungen der Finger dargestellt, und der Zuhörende ahmte die dargestellte Fingerzahl nach. In Gerichtsverhandlungen, Volksversammlungen und bei Kampfspielen benutzte man sie, und im Handelsverkehr mit fremden Völkern waren sie unentbehrlich; denn bei aller Verschiedenheit von Nationalität, Rasse und Sprache bildete die Gleichartigkeit der Fingerzahlen ein gemeinsames Band zwischen den Völkern des Altertums. Im Mittelalter kamen sie allmählich außer Gebrauch, weil die Vervollkommnung des Schriftwesens, die größere Einfachheit des Lebens, der Rückgang der Handelsbeziehungen und die allgemeine Verbreitung des Lateinischen sie entbehrlich machten.

Mit diesen symbolischen Zahlensystemen kommt man aber nicht allzuweit. Aus den auf S. 2 angegebenen Gründen werden schon die Menschen der Urzeit versucht haben, ihren Zahlbezeichnungen *größere Dauer* zu verleihen. Solange es sich bloß um einfaches Zählen handelte, genügte ein Strich oder Punkt für jede Einheit, denn dadurch wurde jedem der zu zählenden Gegenstände ein Zeichen zugeordnet und damit das Wesen des Zählens sehr gut getroffen. Die auf niedriger Kulturstufe stehenden Völker der Jetztzeit zählen heute noch so mit Hilfe von Steinen und Muscheln, und wir selbst benutzen für uns und unsere Kinder beim Zählen nicht selten Striche, Kugeln und andere Gegenstände. Das *Kerbholz,* dessen Gebrauch in die ältesten Zeiten zurückgeht, wurde durch Einkerben von Strichen, die *Knotenschnur* durch Schlingen von Knoten zum Zählen benutzt. Auf den Knochen, die in den Schichten der älteren Steinzeit gefunden wurden, findet man häufig Reihen von Strichen eingekerbt. Es darf als sicher angenommen werden, daß das ursprünglich als Ornament benutzte Kerbmotiv dem steinzeitlichen Jäger als Hilfsmittel zum Zählen und Rechnen gedient hat. Diese einfachsten Zahlzeichen, wenn wir die Striche so nennen wollen, sind unabhängig von jeder Schrift und wahrscheinlich vor deren Erfindung benutzt worden. Sie finden sich nicht nur auf Knochen, sondern auch auf Steinanhängern und Bronzeeimern; sie lassen sich durch alle vorgeschichtlichen und geschichtlichen Entwicklungsstufen hindurch bis in die Neuzeit verfolgen, und wir werden finden, daß bei vielen Völkern die Zahlen eins, zwei, drei usw. oft bis zehn noch auf den Höhepunkten der Kultur durch solche Striche bezeichnet werden.

Sobald aber der Zahlenbereich eines Volkes größere Ausdehnung annimmt, wird diese Bezeichnung unübersichtlich, und erst mit der Einführung eines besonderen Zeichens für eine größere Einheit kann man von einer eigentlichen Ziffernschrift sprechen. Ob schon vor der Erfindung der Schrift solche abkürzende Zeichen für größere Einheiten vorhanden waren, oder ob sie erst mit oder nach der Schrift erfunden wurden, läßt sich nicht entscheiden. Bemerkenswert ist, daß auf Knochen der älteren Steinzeit Kerbzeichen von der Form V und X gefunden wurden, die als Zahlzeichen für größere Einheiten gedeutet werden (vielleicht V = 5 als Bild der Hand?); man darf deshalb wohl vermuten, daß gewisse einfachste Zahlzeichen älter sind als die übrigen Schriftzeichen, ja sogar älter als die Sprache.

Als bei den gesellig lebenden Menschen das Bedürfnis nach Mitteilung zur Entstehung der Sprache führte, entstanden schon in der frühesten Periode der Sprachbildung *Namen* für die vorhandenen Vorstellungen bestimmter Mengen, und da diese Vorstellungen an die Anzahl der Finger und Zehen anknüpften, so ist es verständlich, daß die sprachlichen Zahlensysteme bei der Mehrzahl aller Sprachen und Völker auf den Grundzahlen 5, 10 und 20 aufgebaut sind. *Quinare* (mit der Grundzahl 5) und *vigesimale* (mit der Grundzahl 20) Zahlensysteme[1]) sind verhältnismäßig selten, aber die *dezimalen,*

1) Näheres hierüber findet man bei A. F. Pott, *Die quinare und vigesimale Zählmethode.* Halle 1847.

auf der Grundzahl 10 aufgebauten Zahlensysteme trifft man in vielen Sprachen an. In ihrer vollkommensten Ausbildung enthalten sie für die 9 Einer sowie für alle Potenzen der Zahl 10 besondere Namen. Wir werden im folgenden diese Potenzen von 10, also 10, 100, 1000 usw., dezimale *Stufen-* oder *Rangzahlen* nennen.

Natürlich wirkten diese Sprachgewohnheiten wieder auf die schriftliche Zahldarstellung zurück; bei vielen alten Kulturvölkern finden wir zunächst die Sitte, die Zahlen durch ihre Namen mit Hilfe der üblichen Schriftzeichen darzustellen; und diese Sitte wird auch heute noch überall befolgt, wenn man sich in Urkunden gegen Fälschungen sichern will. Sobald jedoch auch nur die allereinfachsten Berechnungen auszuführen waren, mußte dieses Verfahren als sehr umständlich, ja geradezu als unbrauchbar empfunden werden. Da mag nun die grübelnde Vernunft eingegriffen und in Anlehnung an jene einfachsten Zeichen auf den Knochen der steinzeitlichen Jäger auch für die höheren quinaren, dezimalen oder vigesimalen Stufenzahlen besondere Zeichen geschaffen haben. Da sich aber inzwischen verschiedene, weit auseinanderliegende Mittelpunkte der Kultur gebildet hatten, so fielen diese Zeichen notwendigerweise bei den verschiedenen Völkern verschieden aus. Im folgenden werden wir ganz allgemein diejenigen Zeichen, welche bei den Völkern alter und neuer Zeit zur schriftlichen Darstellung ganzer Zahlen verwendet wurden, mit dem Namen *Zahlzeichen* oder *Ziffern* belegen und die Gesamtheit der Zahlzeichen eines Volkes ein *Zahlzeichen-* oder *Ziffernsystem* nennen.

ZWEITER ABSCHNITT

DIE ZAHLZEICHEN DER ÄGYPTER

Innerhalb der ältesten Gruppe von Kulturvölkern, die uns an der Eingangspforte der Weltgeschichte ungefähr zu derselben Zeit an weit voneinander entfernten Stellen der Alten Welt entgegentreten, wenden wir uns zunächst zu den *Ägyptern*. Ägypten verdankt seine Fruchtbarkeit und seine Blüte dem Strom, von dem es durchflossen wird; schon Herodot hat das Land als ein Geschenk des Nils bezeichnet. In dem tiefen, engen Tal, das zu beiden Seiten von leblosen Wüsten umschlossen wird und in dem nur selten befruchtender Regen fällt, wäre eine Kultur fast undenkbar, wenn nicht der Nil alljährlich aus dem abessinischen Hochland fruchtbaren Schlammboden anschwemmen würde. Ein weit ausgedehntes Netz von künstlichen Kanälen zwingt das Wasser, je nach Bedürfnis auf die Felder überzutreten, und erhöht so die Fruchtbarkeit des Landes, dessen Reichtum auch heute noch auf seiner Landwirtschaft beruht.

Die Abstammung der ältesten *Bewohner Ägyptens* ist in tiefes Dunkel gehüllt. Da die altägyptische Sprache mit den semitischen Sprachen Vorderasiens sowie mit einigen ost- und nordafrikanischen Negersprachen verwandt ist, so vermutet man, daß in vorgeschichtlicher Zeit ein afrikanischer Negerstamm von semitischen Eindringlingen unterjocht wurde, und daß die alten Bewohner der ihnen aufgedrängten Sprache ihre besondere Eigenart aufprägten.

Wie lange die Vorgeschichte der ältesten Zivilisation am Nil gedauert hat, wissen wir nicht. Auf mittelbarem Wege hat man erschlossen, daß im Jahre 4241 v. Chr. in Unterägypten ein Kalenderjahr von 365 Tagen eingeführt wurde; es begann mit dem Tag, an welchem der Sirius wieder in der Morgendämmerung sichtbar wurde. Nach der Überlieferung gab es ursprünglich zwei Königreiche; das eine umfaßte das obere Niltal bis zum Delta, das andere wurde vom Delta gebildet. Als erster König des geeinten Reiches erscheint Menes ums Jahr 3300 v. Chr.; mit ihm beginnt die lange Reihe der Pharaonen, die bis zur Zeit Alexanders des Großen in 30 Dynastien eingeteilt wird. Die berühmten Pyramiden wurden während der ersten Glanzperiode der ägyptischen Geschichte, im *alten Reich* (2900–2400), erbaut. Nach einer Zeit innerer Streitigkeiten wurde in der ersten Hälfte des 2. vorchristlichen Jahrtausends der zweite Höhepunkt, das *mittlere Reich,* erreicht, und nach kurz dauernder Fremdherrschaft erhob eine dritte Blütezeit, das *neue Reich* (1600–950), Ägypten zu einer weltbeherrschenden Großmacht mit lebhaften und andauernden Beziehungen zu den Staaten des westlichen und südlichen Asien. Ramses III. war der letzte, der das Weltreich unter einem Zepter vereinigte; bald nach ihm zerfiel die alte Kultur unter der libyschen, äthiopischen und assyrischen Fremdherrschaft. Noch eine letzte, kurze

Blütezeit ist aus dem 7. und 6. Jahrhundert v. Chr. bekannt; dann aber ward Ägypten persisch (um 500 v. Chr.), und mit dem Perserreich ging es an Alexander den Großen über. Die Selbständigkeit der Nation ging verloren, langsam drang die griechische Kultur ein und fand unter den Ptolemäern (332–30 v. Chr.) ihren Mittelpunkt in *Alexandrien;* ums Jahr 30 v. Chr. ward Ägypten unter Kleopatra römische Provinz, und die altägyptische Kultur unterlag der griechisch-römischen vollständig.

Für das Verständnis der ägyptischen Zahlzeichen ist es notwendig, einiges über das Wesen der ägyptischen Schrift vorauszuschicken. Die *Entstehung der Hieroglyphenschrift* geht in vorgeschichtliche Zeiten zurück, denn schon auf den ältesten schriftlichen Denkmälern aus der Zeit des Menes tritt sie uns als fertiges Werk entgegen, und zwar als ein Gemisch von alphabetischen, ideographischen und Silbenzeichen. Man benutzte ursprünglich zur Bezeichnung sichtbarer Gegenstände ihre Bilder. Für abstrakte Begriffe, Zeitwörter usw. setzte man Bilder konkreter Gegenstände, die in irgend einer Weise mit jenem abstrakten Begriff zusammenhängen, z. B. zwei schreitende Beine Λ für das Zeitwort gehen. Später bezeichnete man abstrakte Wörter durch Bilder solcher konkreter Gegenstände, die zwar mit jenem abstrakten Begriff nichts zu tun hatten, deren Wort aber dieselben Konsonanten enthielt; denn wie in allen semitischen Sprachen haftet auch im Ägyptischen die Bedeutung eines Wortes an den Konsonanten. Da nun viele Zeichen in dieser Weise auf zahlreiche Wörter übertragen wurden, so entstand schließlich eine *phonetische Silbenschrift,* in der dasselbe Zeichen immer für dieselbe Silbe gesetzt wurde. Auf dem gleichen Wege entstanden aus den Zeichen für besonders kurze Wörter die Zeichen zur Andeutung eines einzelnen Konsonanten, so daß also die ägyptischen Hieroglyphen schon der Idee einer bloßen Buchstabenschrift nahekommen. Doch wurde diese alphabetische Schrift selten rein angewandt, sondern man hat daneben Wort- und Silbenzeichen verwendet und zur Erleichterung des Verständnisses diesen Zeichen zuweilen *Deutungszeichen* beigefügt, indem z. B. hinter dem Wort, das Ochse bedeutet, ein Ochse gezeichnet wurde. Diese Deutungszeichen sind als letzte Reste der eigentlichen Bilderschrift zu betrachten. Die Hieroglyphentexte sind teils von links nach rechts, teils von rechts nach links zu lesen.

Wurden nun aber die Hieroglyphen nicht auf hartes Material (Holz, Elfenbein, Stein usw.) eingeritzt oder auf Tempelwände und Grabkammern aufgemalt, sondern benutzte man die Rohrfeder und schrieb auf Papyrus, Leder, Holztafeln oder Scherben, so nahmen die Zeichen mehr und mehr abgerundete und vereinfachte Formen an. Es entstand schließlich ums Jahr 2500 v. Chr. eine Kursivschrift, die *hieratische Schrift,* die sich zu den Hieroglyphen ähnlich verhält wie unsere Schreibschrift zu den Drucktypen. Aus der hieratischen Schrift hat sich im 7. Jahrhundert v. Chr. durch weitere Abkürzungen und Zeichenverbindungen eine neue Kursivschrift entwickelt, die *demotische Schrift* (Volksschrift), die in der griechisch-römischen Zeit allgemein benutzt wurde; sie mußte nach der Zeit Diokletians der sog. *koptischen Schrift* weichen, die im wesentlichen griechisch ist und am Ende des 7. Jahrhunderts n. Chr. dem Arabischen erlag.

Lange Zeit stand man den ägyptischen Schriftzeichen völlig hilflos gegenüber. Da fand man auf dem ägyptischen Feldzug Napoleons I. im Jahre 1799 beim Ausheben von Schanzen bei *Rosette,* in der Nähe der westlichen Nilmündung, eine schwarze Granittafel, die einen Erlaß der Priester von Memphis in hieroglyphischer, demotischer und griechischer Schrift und Sprache enthielt. Auf Grund dieses Fundes gelang es im Jahre 1822 dem Franzosen Champollion, das System der Hieroglyphenschrift klarzulegen. Andere Forscher bauten auf dieser Grundlage weiter, und heute besitzen wir eine vollständige Grammatik der altägyptischen, hieratischen und demotischen Sprache.

Die Kenntnisse der Ägypter in der Mathematik waren schon in den ältesten Zeiten ganz erheblich. Wir besitzen ein altägyptisches Rechenbuch, das zwischen 2200 und 1700 v. Chr. in frühhieratischer Schrift von einem Schreiber Ahmes geschrieben wurde und deshalb das *Rechenbuch des Ahmes* heißt. Aus diesem und einigen anderen noch älteren Papyrusrollen mathematischen Inhalts erkennen wir, daß die Ägypter eine gut entwickelte Fingerrechnung und Rechenbretter hatten, auf denen sie mit Steinen rechneten, daß sie mit ganzen Zahlen und Brüchen umzugehen wußten, daß sie

Gleichungen 1. und 2. Grades sowie arithmetische und geometrische Reihen zu behandeln verstanden und sogar näherungsweise die Quadratwurzel ziehen konnten. In der *Geometrie* hatten sie hochentwickelte Konstruktionsmethoden, wußten in der Lehre vom Kreis und von der Ähnlichkeit und den Proportionen Bescheid und kannten die Elemente der *Trigonometrie.* Auch ihre *astronomischen Kenntnisse* waren nicht unbedeutend, wie schon aus der frühzeitigen Einführung des Kalenders hervorgeht.

Bei diesen hohen mathematischen Kenntnissen sowie bei der großartigen staatlichen Organisation des ägyptischen Reiches (wir erwähnen nur das Vermessungs- und Steuerwesen) müssen die Ägypter notwendig seit den ältesten Zeiten besondere *Zahlzeichen* gehabt haben. In der Tat sind uns sowohl hieroglyphische als auch hieratische und demotische Zahlzeichen überliefert. Alle drei Ziffernsysteme sind durchaus dezimal gebaut, zeigen aber nicht nur in der äußeren Form, sondern auch im Prinzip bemerkenswerte Unterschiede.

Die hieroglyphische Schrift hat für die dezimalen Rangzahlen bis hinauf zu 10^7 je ein besonderes Zeichen (siehe die folgende Abbildung).

DIE HIEROGLYPHISCHEN ZAHLZEICHEN [1])

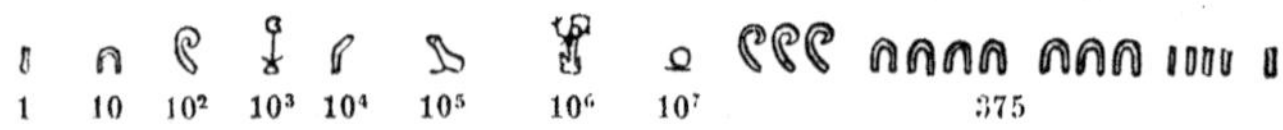

Die ältesten Belege für sie finden sich auf einem Siegesdenkmal aus dem Anfang der 1. Dynastie (spätestens 3300 v. Chr.) und auf einem Standbild eines Königs aus dem Ende der 2. Dynastie (spätestens 2900 v. Chr.), gehen also bis in die neuere Steinzeit zurück. Auf dem Stein von *Rosette* und in dem sogenannten Grabe der Zahlen unweit der Pyramiden von *Gizeh* wurden zahlreiche Beispiele gefunden. Die Hieroglyphe für 1 ist ein senkrechter Strich, die für 10 eine Art Hufeisen, die für 100 ein spiralförmig zusammengerolltes Palmblatt oder ein zusammengerollter Meßstrick, die für 1000 eine Lotosblume, das Sinnbild des Nils, dem Ägypten seine Fruchtbarkeit verdankt, zugleich das dem Osiris und der Isis geweihte Sinnbild des Überflusses. Die Hieroglyphe für

1) Nach Pihan S. 26ff.

10000 ist ein deutender Finger, die für 100000 eine Kaulquappe, welche nach den Überschwemmungen im Schlamme des Nils in ungeheuren Mengen gefunden wurde. Das Zeichen für die Million ist wohl das Bild des kosmischen Gottes, der den Himmel trägt, und dessen Name Unendlichkeit bedeutet. Auch die Zeichen für 10^3 und 10^5 stehen oft für „sehr viel“, „unzählig“. Nur wenige dieser Zeichen sind also unmittelbar ein Sinnbild des dargestellten Zahlbegriffs; die andern sind zu ihrer Bedeutung teils aus phonetischen Gründen gekommen, indem die Bilder solcher Wörter verwendet wurden, die die gleichen Konsonanten enthielten wie das betreffende Zahlwort, teils aber beruht nach K. Sethe die Übereinstimmung auf einem etymologischen Zusammenhang beider Wörter.

Die Methode, nach welcher mittels dieser Zeichen die Zahlen geschrieben wurden, ist eine rein *additive* durch Nebeneinanderstellung; das Zeichen der Einheit jeder Stufe wurde so oft wiederholt als es vorkommen sollte, also bis zu neunmal. Die Gruppierung erfolgte nach praktischen und ästhetischen Gesichtspunkten. Wenn mehr als vier Zeichen derselben Art auftraten, so wurden sie in Gruppen zerlegt derart, daß höchstens vier Zeichen dicht nebeneinander stehen; dabei geht stets die größere Gruppe der kleineren im Sinne der Schrift voraus. Für die Reihenfolge der Zeichen gilt das Gesetz der Größenfolge, so daß also bei den von links nach rechts verlaufenden Hieroglyphentexten das Zeichen höherer Stufe links, bei den anderen Texten rechts von dem Zeichen niederer Stufe steht (vgl. die in rechtsläufiger Schrift geschriebene Zahl 375). Diese Reihenfolge entspricht übrigens auch dem Sprechgebrauch der ägyptischen Sprache. Im mittleren und neuen Reich verschwand das Zeichen für 10^6, und man schrieb unter das Zeichen für 10^5 den entsprechenden Multiplikator, z. B.  = 1 100 000. Ein Zeichen für Null ist in dieser Schrift weder vorhanden noch erforderlich, ebensowenig wie in der hieratischen und demotischen Zahlbezeichnung.

Beim raschen Schreiben nahmen die aus mehreren Zahlzeichen gebildeten Gruppen im Laufe der Zeit verschlungene und abgekürzte Formen an, und es entstanden die *hieratischen*

Zahlzeichen, die bald nach den hieroglyphischen in ägyptischen Papyrusrollen entdeckt und entziffert wurden (1824). Die unten dargestellten hieratischen Ziffern waren im alten Reich, natürlich mit mannigfachen Spielarten, gebräuchlich; die im Rechenbuch des Ahmes vorkommenden Ziffern weichen nur in wenigen Einzelheiten von ihnen ab.

Die *demotischen Ziffern* sind größtenteils aus den hieratischen auf dem oben angedeuteten Wege hervorgegangen; einzelne von ihnen, namentlich 3, 4, 8, 9, zeigen jedoch nach F. Lindemann eine unverkennbare Verwandtschaft mit gewissen alten Zeichen, die in frühester Zeit schon neben den hieratischen zur Bezeichnung der 30 Tage des Monats benutzt wurden und im Volk verbreitet waren; es ist möglich, daß sie aus vorgeschichtlichen Zahlzeichen hervorgegangen sind.

HIERATISCHE UND DEMOTISCHE ZAHLZEICHEN [1])

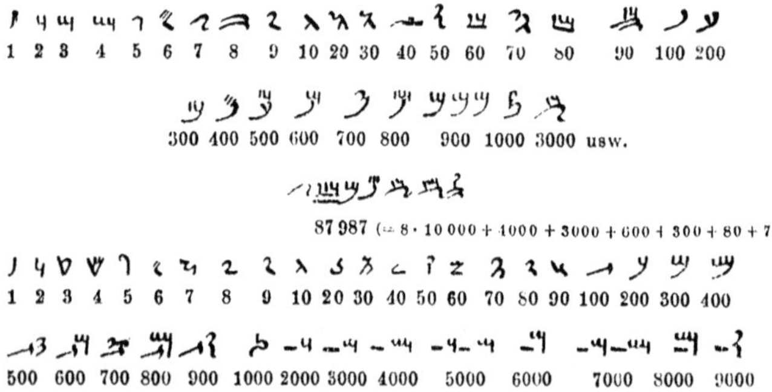

Es fällt zunächst auf, daß die hieratische und demotische Schrift viel mehr Zahlzeichen verwendet als die hieroglyphische, da nämlich nicht bloß für die Rangzahlen, sondern für sämtliche 9 Einer, Zehner, Hunderter, Tausender usw. besondere Zeichen vorhanden sind. Dadurch wird natürlich die mehrfache Wiederholung desselben Zeichens entbehrlich, und die Zahlenschreibung wird bedeutend kürzer und übersichtlicher; andererseits aber wird sie wesentlich schwieriger für den Schreibenden und Lesenden, weil er viel mehr einzelne Zeichen merken muß. Doch läßt sich in diesen Ziffern, ihrer Entstehung entsprechend, ein gewisses multipli-

1) Nach Pihan S. 37 ff.

katives Prinzip erkennen, das die Mannigfaltigkeit der verschiedenen Zeichen wesentlich einschränkt. Wir machen nur auf wenige Punkte aufmerksam und überlassen es dem Leser, weitere Beziehungen zwischen diesen Ziffern untereinander und mit den hieroglyphischen Zeichen herzustellen. Die Zahlen 20 und 30 sind deutlich aus 10 abgeleitet; 50 ist eine Verschlingung von 5 und 10, ebenso 70 eine solche von 7 und 10, und 700 eine solche von 7 und 100. Der schiefe Strich, der die Zahl 100 bedeutet, und der zweifellos von dem zusammengerollten Seil herstammt, hat rechts *eine* deutliche Verdickung, um anzudeuten, daß man *einmal* 100 meint; bei 200, 300, 400, 500 sehen wir 2, 3, 4, 5 solche Verdickungen bzw. Striche; ganz Ähnliches wiederholt sich bei den Zeichen für 1000, 2000 usw. Daneben finden sich jedoch auch additive Bildungen, so z. B. hieratisch $900 = 300 + 300 + 300$, demotisch $5000 = 3000 + 2000$, $7000 = 4000 + 3000$ usw., die ihren Ursprung in dem gruppenweisen Zusammenfassen der alten hieroglyphischen Zeichen haben.

Sollte mit diesen Zeichen eine größere Zahl, etwa 4327, geschrieben werden, so wurde sie in ihre Einer, Zehner, Hunderter usw. zerlegt, hier also in $4000 + 300 + 20 + 7$, und die entsprechenden Zeichen wurden nebeneinander gesetzt unter Beachtung des Gesetzes der Größenfolge, so daß also, da die Schrift von rechts nach links läuft, die größere Zahl rechts von der kleineren steht (vgl. das Beispiel in der Abbildung). Die hieratisch-demotische Schreibweise der ganzen Zahlen, mit der ein ganz neues System auftritt, über dessen Ursprung wir aber nichts Sicheres wissen, ist der hieroglyphischen in vieler Hinsicht überlegen; wir werden ein ganz ähnliches Prinzip bei den Griechen wiederfinden. Während aber die Griechen die Vorteile, welche ein solches dezimales Ziffernsystem bietet, beim Rechnen konsequent ausgenutzt haben und dadurch zu ihren, den unsrigen ähnlichen Rechenregeln gelangten, haben die Ägypter dies nicht getan, sondern sie verfuhren beim Rechnen nach ganz anderen Gesichtspunkten, deren Erörterung jedoch hier zu weit führen würde.

In der *koptischen* Schrift wurden die Zahlen in der bei den Griechen üblichen Weise bezeichnet, die wir im IV. Abschnitt kennen lernen werden.

DRITTER ABSCHNITT

DIE ZAHLZEICHEN DER BABYLONIER UND ASSYRER

Der zweite von den alten Mittelpunkten menschlicher Kultur ist jedermann aus den Erzählungen des Alten Testaments wohlbekannt. Es ist die Ebene zwischen Euphrat und Tigris, das Land, das wir gewöhnlich mit dem Namen *Babylonien* bezeichnen. Ähnlich wie in Ägypten wurden auch in Babylonien die Einwohner schon früh durch die Beschaffenheit des häufig überschwemmten Landes zu staatlicher Organisation genötigt. Die zahlreichen Kanäle, deren Spuren bis in die älteste Zeit zurückreichen, machten Babylonien im Altertum zu einem blühenden Garten; sein Reichtum an Getreide und Palmen übertraf den aller Länder; in Dörfern und Städten herrschte fröhliches Leben. Heute sind diese Wasserläufe zum größten Teil mit Schutt und Erde verstopft; im Herbst und Winter gleicht das Land einer öden Sandwüste, im Frühling und Sommer einer trostlosen, sumpfigen Wasserfläche.

Die ältesten schriftlichen Denkmäler Babyloniens stammen aus dem Anfang des 3. vorchristlichen Jahrtausends. Damals saßen schon seit geraumer Zeit im Norden Babyloniens semitische Völker, im Süden ein Volk unbekannter Herkunft, die *Sumerer*. Es ist heute noch nicht völlig aufgeklärt, ob die Sumerer oder die Semiten früher im Lande gesessen haben. Sicher ist jedenfalls, daß die Sumerer zu der Zeit, aus der die ersten Quellen stammen, schon stark unter semitischem Einfluß standen, und daß ums Jahr 2000 v. Chr. auch der Süden in dem von Nordwesten vordringenden Semitentum aufging. Wir kennen die Sumerer deshalb nur aus dem, was sie hinterlassen haben, aus ihrer Sprache und Kultur.

Über die Höhe der babylonischen Geisteskultur und Weltanschauung haben die Ausgrabungen der letzten 30 Jahre in ungeahnter Weise Licht verbreitet. Man nimmt an, daß diese Kultur von den *Sumerern* geschaffen und entwickelt worden ist. Sie steht ums Jahr 3000 v. Chr. schon vollständig ausgebildet und in ein System zusammengefaßt vor uns, so daß manche Forscher glauben, für die Festlegung und Entstehung dieses Systems bis ins 4. und 5. Jahrtausend v. Chr. zurückgehen zu müssen. Wissenschaft (besonders Astronomie und Mathematik), Kunst und Technik standen in früher

Zeit schon auf einer Höhe, die in mancher Beziehung vom abendländischen Mittelalter nicht erreicht wurde. Die Semiten eigneten sich diese Kultur an, verschmolzen sie mit selbstgeschaffenen Kulturwerten, erweiterten sie und bewahrten sie durch die Stürme von Jahrtausenden hindurch.

Von der Mitte des 3. Jahrtausends v. Chr. an schiebt sich das ebenfalls semitische Volk der Amoriter bedrohlich vom Westen her gegen das Kulturland am Euphrat vor. Sein größter Sproß war Hammurabi, der ums Jahr 2000 v. Chr. Nord- und Südbabylonien zu einem gewaltigen Reich vereinigte. Er schuf im ganzen Land geordnete Zustände, schützte und förderte Wissenschaft und Kunst, die in zahlreichen, über das ganze Land verbreiteten und von Priestern geleiteten Kulturzentren (z. B. *Babylon* und *Sippar* im Norden, *Nippur* im Süden) gepflegt wurden, und gab seinem Volke jenes berühmte Gesetzbuch, von dem ein Exemplar im Jahre 1902 bei Susa gefunden wurde.

Auf die weitere Geschichte Babyloniens brauchen wir hier nicht einzugehen; wir bemerken nur, daß sich gegen Ende des 2. Jahrtausends im Euphratlande eine zweite Großmacht bildete, das *assyrische* Reich, das im Gegensatz zu Babylonien stand und diesem den Rang ablief. Seine Fürsten erkoren sich das alte Ninive am linken Tigrisufer (gegenüber dem heutigen Mossul) zur Residenz, und unter Assurbanipal (668–626) erreichte es seine höchste und letzte Blütezeit. Noch einmal ist Babylon zu politischer Macht gekommen, nämlich unter der Herrschaft der *Chaldäer,* die aus der syrisch-arabischen Wüste eingewandert waren. Der bekannteste König dieses neubabylonischen Reiches war Nebukadnezar (605–562). Mit dem Eindringen der *Indogermanen* (Perser, Griechen, Römer) tritt eine neue Kultur im Zweistromlande auf, die die alte völlig überwucherte und in Vergessenheit geraten ließ.

Erst im 19. Jahrhundert wurden die Reste der altbabylonischen Kulturstätten wieder entdeckt. Deutsche, Engländer, Franzosen, Amerikaner und Türken haben wissenschaftliche Expeditionen nach Babylonien geschickt und Ausgrabungen vornehmen lassen. Die Engländer entdeckten die Ruinen von *Sippar* und fanden in den Trümmern des alten *Ninive* bei dem heutigen Dorfe Kujundschik die unschätzbare *Bibliothek des Assurbanipal,* der wir hauptsächlich unser Wissen über babylonische und assyrische Geschichte und Literatur verdanken. Die Franzosen gruben bei *Tello* in Südbabylonien; die Deutsche Orientgesellschaft arbeitete seit 1899 mit großem Erfolg in *Babylon* und *Assur,* und die Amerikaner haben unter der Leitung eines Deutschen (H. V. Hilprecht) den alten Tempelkomplex von *Nippur* ausgegraben, wo das älteste große Heiligtum des Gottes Bel stand, und haben dabei eine berühmte aus dem 3. Jahrtausend vor Christus stammende Tempelbibliothek entdeckt.

Sämtliche Schriftdenkmäler, die man in Babylonien gefunden hat, bestehen aus Tontafeln von verschiedener Gestalt. Ursprünglich mag die Schrift eine rohe Bilderschrift gewesen sein, aber da man diese Zeichen in Ton oder auf Stein einritzte, so verloren sich allmählich alle Rundungen, und es entstanden keilartig aussehende Zeichen, die zu dem Namen *Keilschrift* Veranlassung gaben. Alle Zeichen dieser Schrift lassen sich auf drei Grundformen zurückführen, nämlich den Vertikalkeil 𒁹, den Horizontalkeil 𒀸 und den Winkelhaken 𒌋; durch Neben- und Übereinanderstellung sowie durch Kreuzung wurden sie in zahlreiche, zum Teil äußerst komplizierte Gruppen vereinigt. Diese Schrift ist von den Sumerern erfunden und als eine Verbindung von Wort- und Silbenzeichen ausgebildet worden; reine Lautzeichen (Buchstaben) fehlen vollkommen. Die semitischen Babylonier übernahmen von den Sumerern ihre Schrift in doppelter Weise: *einmal* behielten sie für jeden Begriff sein sumerisches Zeichen bei; *zweitens* aber benutzten sie dasselbe Zeichen auch zur Darstellung des jenem Begriff entsprechenden sumerischen Lautes, wenn dieser Laut in Worten ihrer eigenen Sprache vorkam, so daß also dasselbe Zeichen sowohl eine Wortbedeutung hat, d. h. ein *Ideogramm* ist, als auch *Silbenwert* besitzt. Die erstere Art der Übernahme von sumerischen Wortzeichen in die babylonisch-assyrische Schrift entspricht also z. B. dem Umstand, daß das Zeichen ○ von einem Deutschen *Kreis,* von einem Franzosen *cercle,* von einem Italiener *circolo* gelesen wird. Die zweite Art wird durch die sogenannten Bilderrätsel in unseren Unterhaltungszeitschriften veranschaulicht, wo die Silbenwerte eines Ausdrucks ohne Rücksicht auf ihren Sinn zur Bildung eines deutschen Wortes verwendet werden. So wurden Sprache und Schrift der Sumerer, ähnlich wie das Lateinische in Europa, noch lange nach dem Aussterben des Volkes als Gelehrten- und Kultussprache in Babylonien benutzt. Dabei behielten die semitischen Babylonier die von links nach rechts laufende Richtung der sumerischen Schrift bei, während bei den meisten anderen Semiten die Schrift von rechts nach links zu lesen ist. Eine Reihe von Völkern hat sich später dieses Schriftsystem angeeignet und für ihre Sprache umgestaltet, wobei natürlich die äußere Form der einzelnen Zeichen sich änderte. Die letzten Urkunden in Keilschrift, die wir haben, gehören dem 1. Jahrhundert v. Chr. an; bald darauf mußte sie der semitischen Buchstabenschrift endgültig weichen.

Den ersten bedeutenden Schritt zur *Entzifferung der Keilschrift* machte im Jahre 1802 der Göttinger Gymnasiallehrer G. F. Grotefend; er erkannte den ersten Teil einer dreisprachigen Keilinschrift aus den Ruinen von Persepolis als persische Buchstabenschrift und entzifferte mehrere Worte durch überaus geistreiche Schlüsse. Die beiden anderen Texte enthielten Übersetzungen des ersten; sie wurden in gemeinsamer Arbeit von Deutschen, Franzosen und Engländern um die Mitte des vorigen Jahrhunderts erforscht, und einer dieser Texte war in babylonisch-assyrischer Sprache mit sumerischer Schrift geschrieben. Damit waren die Grundlagen geschaffen für einen neuen Zweig der Sprachwissenschaft, die *Assyriologie.*

Über die *mathematischen Kenntnisse* der Babylonier haben uns die Ausgrabungen Aufschluß gegeben, und es steht zu erwarten, daß uns die Tausende von unbearbeiteten Tafeln noch manches Interessante enthüllen. Schon im 2. und 3. Jahrtausend v. Chr. konnten die Babylonier einfache Inhaltsberechnungen ausführen und die Grundeigenschaften der einfachsten geometrischen Gebilde angeben. Aber ihre größten Leistungen liegen einerseits auf dem Gebiet der Astronomie, auf der ihre Weltanschauung und Religion beruhte, andererseits auf dem Gebiet der Arithmetik und Zahlentheorie; wir sind deshalb über das altbabylonische Ziffernsystem verhältnismäßig gut unterrichtet.

Die *babylonischen Zahlzeichen* bestehen, wie bei allen

Völkern, die in Keilschrift geschrieben haben, aus den oben genannten Grundformen der Schrift. Der Vertikalkeil 𒁹 stellt die Einheit dar, während der Winkelhaken 𒌋 die Zahl 10 bedeutet; in zahlreichen Fällen wurden bei der Zählung lebender Wesen für 1 und 10 auch die Zeichen D und O verwendet. Diese Zeichen wurden durch Nebeneinanderstellung addiert[1]), und zwar so, daß dem Gesetz der Größenfolge gemäß das Zeichen für 10 immer links von den Einheitskeilen steht, also z. B. 𒌋𒁹 = 11. Kamen mehrere Keile oder Winkelhaken zusammen, so standen sie aus Gründen der Raumersparnis und der Übersichtlichkeit in zwei bis drei Reihen übereinander, jedoch selten mehr als drei in einer Reihe. Dabei wurde ein etwa überschießendes Element in etwas breiterer Form unter die anderen gesetzt, also 𒐌 = 7 und 𒐏𒐖 = 42. Diese Art der Zahlenschreibung wird fortgesetzt bis 59; dann tritt ein neuer Gedanke auf. Die Zahl 60 wird wieder durch den Einheitskeil bezeichnet und demgemäß die Zahl 85 z. B. durch 𒁹𒎙𒐊, d. h. $60 + 20 + 5$, geschrieben. Eine Verwechslung mit einer kleineren Zahl ist hier nach dem Gesetz der Größenfolge nicht möglich; wohl aber können zwei nebeneinander stehende Vertikalkeile sowohl 2 als $61 = 60 + 1$ als $120 = 2 \cdot 60$ bedeuten. Waren in einem solchen Fall Verwechslungen zu befürchten, so wurde bei 61 zwischen, bei 120 hinter die beiden Keile das Wort *Soß* geschrieben, welches 60 bedeutet. Tritt nun der Winkelhaken links von dem als Zeichen für 60 geltenden Keil auf, so ergibt sich für ihn von selbst die Bedeutung 600 (600 = ein *Nêr*). Diese beiden Zeichen dienten seit den ältesten Zeiten zur

1) Es ist bemerkenswert, daß sich auch Beispiele für die subtraktive Methode finden, wie wir sie bei den römischen Ziffern kennen. So sind z. B. auf einigen Tafeln mit Buchführungslisten und Inventaraufnahmen aus dem 3. Jahrtausend v. Chr., die in Tello und Nippur gefunden wurden, die Zahlen 9, 8, 7, 19, 18, 17 durch 10 — 1, 10 — 2, 10 — 3, 20 — 1 usw. dargestellt, wobei jedoch die Subtraktion durch das sumerische Wort 𒇲 = lal, d. h. weniger, angedeutet wird; also z. B. 𒐏𒇲𒐈 = 40 — 3 = 37; OOO𒇲D = 29.

Darstellung aller Zahlen mit Hilfe des *Prinzips der Position.* Dieses ist uns wohl vertraut, da wir es in unserem eigenen Ziffernsystem fortwährend benutzen. Es beruht darauf, daß die Zahlzeichen nicht bloß einen absoluten, sondern auch einen relativen, von ihrer Stellung abhängigen Wert besitzen; so hat z. B. in der Zahl 15 die 5 den Wert fünf, in der Zahl 51 den Wert fünf mal zehn, in der Zahl 523 den Wert fünf mal hundert usw., während dagegen die römische V immer nur fünf bedeutet, an welcher Stelle sie auch stehen mag. Die Zahl 10 und ihre Potenzen sind nun aber im babylonischen Positionssystem durch die Zahl 60 und ihre Potenzen ersetzt, und deshalb bezeichnet man dieses Ziffernsystem als *Sexagesimalsystem.* Der Vertikalkeil bzw. der Winkelhaken hatten demnach je nach ihrer Stellung die folgenden Werte:

60^4	$10 \cdot 60^3$	60^3	$10 \cdot 60^2$	60^2	$10 \cdot 60$	60	10	1
(12960000)	(2160000)	(216000)	(36000)	(3600)	(600)			

Diese Reihe kann natürlich beliebig nach links fortgesetzt werden und wurde von den Babyloniern sogar nach rechts fortgesetzt, wodurch sie die Brüche $\frac{10}{60}, \frac{1}{60}, \frac{10}{60^2}, \frac{1}{60^2}$ usw., also Sexagesimalbrüche[1]), darstellten. Außer dem Soß und dem Nêr gab es noch für $60^2 = 3600$ die besondere Bezeichnung *Sar.*

Es ist nicht schwierig, eine beliebige, in unserem Ziffernsystem gegebene Zahl sexagesimal zu schreiben. Nehmen wir z. B. die Zahl 800000. Sie liegt zwischen $10 \cdot 60^3$ und 60^3. Wir dividieren 800000 durch 60^3 und erhalten 3, Rest 152000; nun dividieren wir diesen Rest durch 60^2 und erhalten den Quotienten 42, Rest 800; schließlich bilden wir 800 : 60 und erhalten 13, Rest 20. Also ist $800000 = 3 \cdot 60^3 + 42 \cdot 60^2 + 13 \cdot 60 + 20$. Im babylonischen Sexagesimalsystem geschrieben hätte also die Zahl die folgende Gestalt:

Es erhebt sich nun die Frage, wie man diejenigen Zahlen

1) Vgl. den schon genannten Band 2 dieser Sammlung S. 19. Wenn wir heute einen Winkel 20° 15′ 43″ schreiben, so benutzen wir dabei das Sexagesimalsystem mit Stellungswert, wobei ° aus 0, ′ aus I und ″ aus II entstand.

schrieb, die durch die sexagesimalen Stufenzahlen ohne Rest teilbar sind, also z. B. die Zahl 540. Das Zeichen  kann sowohl 9 als $9 \cdot 60 = 540$ oder $9 \cdot 60^2 = 32400$ usw. bedeuten. Man erkennt, daß sich hier dieselbe Schwierigkeit ergibt, wie wenn wir die Zahl fünfzig ohne Verwendung der Null in unserem Ziffernsystem darstellen müßten. Das altbabylonische Sexagesimalsystem besaß kein Zeichen, um das Fehlen von Einheiten einer bestimmten Stufe anzudeuten, und dieser Mangel muß das Lesen von Zahlen einigermaßen erschwert haben. In manchen Fällen, in denen eine Zweideutigkeit zu befürchten war, wurde diese Schwierigkeit durch gewisse Kunstgriffe und Zusätze umgangen, auf die wir jedoch nicht eingehen können. Im 3. vorchristlichen Jahrhundert dagegen findet sich bei astronomischen Berechnungen zuweilen ein besonderes Zeichen für fehlende Einheiten bei Sexagesimalbrüchen, nämlich das Trennungszeichen . Es wurde von F. X. Kugler in zahlreichen, auf die Mondrechnung bezüglichen Tafeln nachgewiesen. Anscheinend diente es jedoch nicht zum Rechnen, sondern lediglich als Füllungszeichen.[1])

Man bemerkt, daß das besprochene babylonische Ziffernsystem nicht rein sexagesimal, sondern bei dem Nêr von einem Dezimalsystem durchsetzt ist. Dies rührt einerseits daher, daß die Darstellung aller Zahlen unter 60 ähnlich wie bei den Ägyptern auf rein dezimaler Grundlage ruht, da ja keine 59 besonderen Ziffern vorhanden sind, andererseits daher, daß in der Tat neben dem sexagesimalen auch noch ein durchgebildetes *dezimales System* im Euphratlande benutzt wurde. Allerdings findet es sich erst in späterer Zeit, als längst die Semiten das herrschende Volk geworden waren. Zu den beiden Grundziffern für 1 und 10 tritt in diesem System ein neues Zeichen für 100, nämlich das Zeichen ; es dient zugleich auch als Silbenzeichen zum Ausdruck für das assyrische Wort *me* = hundert. Wollte man mehrere Hundert bezeichnen, so wurde nicht mehr das additive Ver-

1) Weiteres über das Positionssystem und die Null findet man im II. Abschnitt des II. Teils.

fahren, sondern eine Art Multiplikation verwendet, indem die Anzahl der Hunderter links vor das Zeichen für 100 gesetzt wurde. Insbesondere wird also die Zahl 1000 mit dem Zeichen 𒌋𒈨 geschrieben; dieses wurde dann als selbständiges Zeichen benutzt, welches wieder kleinere Multiplikatoren links vor sich nehmen konnte, so daß also das Zeichen 𒌋𒌋𒈨 10000 bedeutet. Die Vielfachen von 10000 werden als Tausender dargestellt, also z. B. 50000 = 50 mal 1000; Zahlen wie 36000 werden aber nicht als 36 mal 1000, sondern in der Form 30 mal 1000 + 6 mal 1000 geschrieben; woraus hervorgeht, daß die Assyrer eine ziemlich genaue Einsicht in den Bau des dekadischen Zahlensystems hatten. Als Beispiel sei noch aus einer Inschrift Tiglath-Pilesers I. (um 1100 v. Chr.) die Zahl 𒁹𒌋𒈨𒁹𒁹𒈨 = 1200 (1 mal 1000 + 2 mal 100) erwähnt.

Dieses dezimale Ziffernsystem *ohne* Stellungswert findet sich in zahlreichen Inschriften und Schriftdenkmälern der assyrischen Zeit namentlich da, wo es sich um Zahlenangaben aus dem kaufmännischen und bürgerlichen Leben handelt; es scheint aber nie zum Rechnen verwendet worden zu sein. Es ist uns bekannt seit der ersten Entzifferung keilschriftlicher Texte und zeigt uns, wie das ägyptische Ziffernsystem, deutlich, daß da, wo die gewöhnliche Schrift noch nicht zur Bezeichnung einzelner Buchstaben vorgedrungen ist, die Zahlzeichen durchaus keine Fremdlinge unter den anderen Schriftzeichen sind, sondern sich in deren Rahmen harmonisch einfügen, so daß zuweilen Zahlwort und Ziffer durch dasselbe Zeichen dargestellt werden. Während aber beim ägyptischen Zahlzeichensystem für jede Stufenzahl ein neues, besonders zu merkendes Zeichen verwendet wird, sind beim babylonisch-assyrischen die höheren Stufenzahlen aus den niederen abgeleitet, und insofern steht es, mathematisch betrachtet, höher als jenes, selbst wenn wir vom Sexagesimalsystem mit seinem Stellungswert absehen.

Das Sexagesimalsystem wurde erst im Jahre 1854 auf einigen bei Senkereh gefundenen, aus dem 3. Jahrtausend v. Chr. stammenden Täfelchen festgestellt, und bis zum Jahre 1906 kannte man nur wenige Keilschrifttexte, auf denen es Verwendung fand. Seither aber sind durch die Ausgrabungen Hilprechts und anderer in Nippur und Tello eine große Zahl Texte zutage gefördert worden, auf denen Zahlen im Sexagesimalsystem geschrieben sind, und die bis in die ältesten Zeiten zurückreichen. Dabei handelt es sich sowohl um Texte, in denen wirtschaftliche, kaufmännische und verwaltungstechnische Fragen behandelt werden, als auch um solche rein mathematischen und astronomischen Inhalts. Die letzteren bestehen aus Multiplikations- und Divisionstafeln (ähnlich unseren Einmaleinstabellen), aus Tafeln von Quadrat- und Kubikzahlen bzw. -wurzeln (wie wir sie heute in unseren Logarithmentafeln haben) und dienten wohl als Hilfsmittel bei astronomischen Berechnungen; neuerdings wurden sogar Täfelchen aus dem 2. Jahrtausend v. Chr. gefunden, auf denen Quadratwurzeln aus einer ganzen Zahl, und zwar teilweise mit recht guter Annäherung, berechnet werden. Einzelne der auf diesen Täfelchen auftretenden Zahlen haben eigentümliche und interessante Beziehungen zu den astrologischen Vorstellungen der Babylonier, so z. B. die Zahl $60^4 = 12960000$, mit der J. Adam und F. Hultsch die berühmte Zahl in Zusammenhang gebracht haben, von der im 8. Buch von Platons Staat in mystischer Weise gesprochen wird. Nach H. V. Hilprecht und A. Jeremias beweist dies die Kenntnis der Präzession der Tag- und Nachtgleichen bei den Babyloniern. Jedenfalls aber ist die Tatsache, daß die Zahl 60 und ihre Potenzen sowie ihre Produkte mit anderen Zahlen bei Semiten und Griechen als heilige Zahlen galten, auf dieses Sexagesimalsystem zurückzuführen. Sämtliche Maße, Gewichte und Münzen der Babylonier beruhen ebenfalls auf der sexagesimalen Teilung; sie machte ihren Einfluß von Babylon aus in allen Maß-, Münz- und Gewichtssystemen des Altertums geltend, behauptete bis zur Einführung des Metermaßes die Herrschaft und lebt heute noch fort in den Maßsystemen einiger Länder (z. B. Englands) sowie in unserer ebenfalls aus Babylon stammenden Zeit- und Winkeleinteilung. Das Sexagesimalsystem hat namentlich bei Teilungen vor dem Dezimalsystem offenbar den Vorzug, daß die Grundzahl 60 durch weit mehr Faktoren teilbar ist als die Grundzahl 10.

Wir wenden uns schließlich zu der Frage nach dem *Ursprung des Sexagesimalsystems,* müssen uns aber in dieser vielumstrittenen Frage auf die Anführung der wichtigsten Ansichten beschränken und im übrigen auf die Literatur verweisen. Es herrscht kein Zweifel darüber, daß dieses sehr vollkommene Ziffernsystem nebst dem Positionsprinzip *von den Sumerern erfunden* wurde. Man hat lange geglaubt, die Sumerer hätten das Kalenderjahr zu 360 (d. h. 6 · 60) Tagen gerechnet, und das Sexagesimalsystem sei deshalb astronomischer Herkunft. Die hohen astronomischen Kenntnisse dieses Volkes machen aber diese Annahme unmöglich, und man muß umgekehrt folgern, daß das bei den Babyloniern übliche Rechnungsjahr von 360 Tagen eine Folge des Sexagesimalsystems ist. Man hat dann ferner geglaubt (G. Kewitsch), die Sumerer seien ursprünglich 6-Zähler gewesen und auf die Zahl 6 durch ein eigentümliches Zählen an den Fingern gekommen; aus diesem 6-System habe sich das 60-System unter Benutzung der 10 Finger entwickelt, wobei an Stelle der Einer die Mengenzahl 6 trat. Endlich hat man die Vermutung aufgestellt (Ed. Hoppe), die Sumerer hätten beim Zusammenlegen von drei gleichlangen Stäben zu einem gleichseitigen Dreieck den dabei auftretenden Winkel kennen gelernt, ihn auf Grund des vorher vorhandenen dezimalen Ziffernsystems in zehn gleiche Teile geteilt und dann, ausgehend von der Beobachtung, daß 60 solcher kleiner Winkel gerade die Ebene ausfüllen, das Sexagesimalsystem geschaffen. Wir sind der Ansicht, daß die Sumerer ursprünglich nur das einfache dezimale Ziffernsystem mit den Ziffern 𒁹 = 1 und 𒌋 = 10 besaßen. Naturgemäß war ihr Zahlenbereich anfangs beschränkt; aber bei ihrer spekulativen Anlage begannen die sumerischen Priester frühzeitig, sich mit den Eigenschaften der Zahlen zu beschäftigen; sie bemerkten, daß die Zahl 60, die vielleicht zunächst mit sechs Winkelhaken geschrieben wurde, eine *große Menge Teiler* enthält. Diese Entdeckung veranlaßte sie, mit Rücksicht auf die hierin liegende *Zweckmäßigkeit,* ein Ziffernsystem mit der Grundzahl 60 zu schaffen und ihren sämtlichen Messungen und Rechnungen zugrunde zu legen. Als die Semiten im Zweistromlande eindrangen, nahmen sie dieses System und die arithmetischen Kenntnisse der Sumerer auf und bildeten sie in ihren eigenen Priesterschulen weiter. Für die Zwecke des täglichen Lebens aber benutzten und erweiterten sie die dezimale Schreibweise, die mit ihrem eigenen Zahlensystem übereinstimmte.

VIERTER ABSCHNITT

DIE ZAHLZEICHEN DER GRIECHEN

Wir wenden uns jetzt zu jenem kleinen Volke des Altertums, das wie kaum ein anderes für Kunst und Wissenschaft begabt war. Wir wissen von den *Griechen* aus der Zeit vor den Perserkriegen nur sehr wenig. Die Ausgrabungen von Evans und Schliemann auf Kreta und anderen Inseln des Ägäischen Meeres sowie im Peloponnes haben ergeben, daß in vorgeschichtlicher Zeit in der Ägäis eine hohe Kultur geherrscht hat, deren Wurzeln ins 4. bis 5. Jahrtausend v. Chr. zurückreichen. Man unterscheidet eine *kretische* und eine spätere *mykenische* Kulturepoche mit glänzenden Kunstleistungen, prächtigen Herrschersitzen und weithin reichenden Handelsbeziehungen. Träger der kretischen Kultur war eine nichtgriechische Bevölkerung, die sich über Kleinasien, die Inseln und das griechische Festland erstreckte und stark von Ägypten und Babylonien her beeinflußt war. Dieses Kulturvolk wurde allmählich verdrängt durch die von Norden einwandernden indogermanischen Vorväter der Griechen. Die Herrschaft dieser Einwanderer begründete die mykenische Kulturperiode, die ihren Namen von den großartigen Funden bei *Mykene* hat. Nachdem diese Völkerbewegung mit der dorischen Wanderung ihren Abschluß gefunden hatte, ging die mykenische Kultur unter oder wurde von der späteren griechischen Kultur aufgesogen. Ein weiteres Eingehen auf die Geschichte Griechenlands erübrigt sich, da sie allgemein bekannt ist.

Bei den Griechen erstand aus den handwerksmäßigen Regeln der ägyptischen und babylonischen Priester eine Wissenschaft von einem weit über die Bedürfnisse der Praxis hinausgehenden tieferen Gehalt. Wohl stand die hellenische Kultur durch die Vermittlung der Phöniker unter starkem orientalischem Einfluß; aber die griechischen Philosophen und Künstler haben den alten rohen Stoff geläutert und verfeinert, ihn mit neuen Ideen durchtränkt und selbständig verarbeitet und ihn weit über die Kenntnisse und das Vermögen ihrer Lehrmeister hinaus gefördert und vermehrt. Die Griechen führten aus jenen rohen Bausteinen, die ihnen Ägyptens und Babylons Weise überlieferten, das herrliche Gebäude der *reinen Mathematik* auf.

Hier können wir nur einen gedrängten Überblick über die *mathematischen Kenntnisse* der Griechen geben. Wie die Westküste Kleinasiens die Wiege der griechischen Geistesbildung überhaupt war, so beginnt auch die älteste Entwicklung der griechischen Mathematik in diesem von der Natur reich gesegneten Küstengebiete bei dem begabtesten der hellenischen Stämme, den Ioniern. Später waren es Süditalien und Sizilien mit ihrer dorischen Bevölkerung, die die Mathematik weiter förderten, und endlich wurde in der griechischen Pflanzstadt Alexandrien auf ägyptischem Boden der Höhepunkt der griechischen Mathematik erreicht.

Die klassische Periode der *Geometrie* knüpft sich hauptsächlich an Pythagoras (etwa 580–500 v. Chr.), Plato (427–347), Euklid (etwa 320 v. Chr.), Eratosthenes (276–194 v. Chr.), Apollonius (etwa 265–170 v. Chr.) und Archimedes (287–212 v. Chr.). Im goldenen Zeitalter der griechischen Geometrie sind Samenkörner ausgesät worden, die reiche Früchte getragen haben und zum Teil erst in neuerer Zeit wieder aufgegangen sind. Selbst der erste Keim der Infinitesimalmethode, dieses allgewaltigen Instruments des menschlichen Geistes, ist durch einen glücklichen Fund vor einigen Jahren in einer Archimedischen Schrift nachgewiesen worden.

Bei dem vorherrschend geometrischen Charakter der griechischen Mathematik, der mit dem künstlerischen Gefühl der Hellenen zusammenhängt, blieben die *arithmetischen* und *algebraischen* Leistungen der griechischen Mathematiker, unter denen in dieser Hinsicht Euklid, Archimedes, Apollonius und Diophant (3. bis 4. Jahrhundert n. Chr.) hervorragen, hinter ihren geometrischen Erfolgen zurück. Sie beschäftigten sich viel und gern mit *Zahlentheorie;* die *Theorie der Irrationalzahlen* war ihnen wohlbekannt, und das *schriftliche Rechnen* wurde seit der alexandrinischen Zeit viel geübt. Sie waren ferner mit der Lösung gewisser *algebraischer Gleichungen* und, in späterer Zeit, mit der Behandlung unbestimmter Gleichungen wohlvertraut. Im übrigen tritt bei den Griechen, und besonders bei Euklid, deutlich die Neigung hervor, auch die Zahlenlehre in ein geometrisches Gewand zu hüllen und die Zahlen durch Linien oder andere geometrische Gebilde zu versinnlichen. Nur der letzte und größte der griechischen Arithmetiker, Diophant von Alexandrien, bildet eine Ausnahme; bei ihm hat sich der Begriff der Zahl fast ganz von geometrischen Vorstellungen gelöst. Sein einzigartiges Werk über Arithmetik steht hoch über allem andern, was die Griechen in diesem Fach sonst geleistet haben.

Über die ältesten auf griechischem Gebiet verwendeten *Zahlzeichen* hat erst die allerjüngste Zeit Aufschluß gebracht. Die oben erwähnten Ausgrabungen auf Kreta haben Täfelchen zutage gefördert, auf denen sich neben den *kretischen* Schriftzeichen (s. S. 5) rechnungsartige Verzeichnisse mit beigefügten Zahlzeichen finden. Die Einer sind durch senkrechte, die Zehner durch wagrechte Striche, die Hunderter durch kreisförmige Zeichen dargestellt. Ähnlich sind auch die Zahlzeichen der *kypriotischen* Schrift; die Einer werden durch senkrechte Striche, die Zehner durch wagrechte Striche, Winkel oder Halbkreise ausgedrückt. Beide sind also dezimal gebildet und haben Ähnlichkeit mit den phönikischen Zahlzeichen, die wir im V. Abschnitt kennen lernen werden.

Auch in der *griechischen* Schrift wurden ursprünglich die Zahlen durch einzelne nebeneinander stehende und in Gruppen angeordnete Striche dargestellt oder die Zahlwörter ausgeschrieben. Abgesehen davon finden sich in Griechenland *zwei verschiedene Ziffernsysteme.* Das *ältere* der beiden verwendet zur Bezeichnung der Zahlen 5, 10, 100, 1000 und 10000 die Anfangsbuchstaben der entsprechenden Zahlwörter, während für 1 der senkrechte Strich steht. Die Gestalt der sechs Grundformen in Attika ist aus der zweiten Spalte der folgenden Tabelle ersichtlich:

1	I		
5	𐅃 = π von πέντε		
10	Δ = δ von δέκα	50	𐅄
100	H = h von (h)εκατόν	500	𐅅
1000	X = χ von χίλιοι	5000	𐅆
10000	M = μ von μύριοι	50000	𐅇

Um die übrigen Zahlen darzustellen, wurden die Zeichen für die Rangzahlen bis zu 4mal additiv nebeneinander gesetzt; dann tritt eine multiplikative Methode ein, derart, daß die Vereinigung von 𐅃 mit einer der vier anderen Grundformen das Fünffache der betreffenden Grundform bedeutet (siehe letzte Spalte der Tabelle). Alle andern Zahlen wurden aus diesen zehn Zeichen unter Beachtung des Gesetzes der Größenfolge additiv zusammengesetzt, also z. B.

XXXX𐅅HHH𐅄Δ𐅃II = 4867.

Diese Ziffern sind in attischen Inschriften von 554 bis gegen 95 v. Chr. nachweisbar; in der perikleischen Zeit waren sie in amtlichem Gebrauch, wie zahlreiche Rechnungen des athenischen Staatshaushaltes zeigen. Außerhalb Attikas kamen zahlreiche Abarten dieses Systems vor. Da uns diese Ziffern von einem byzantinischen Grammatiker Herodian (200 n. Chr.) überliefert worden sind, bezeichnet man sie als *herodianische Ziffern.* Das System hatte jedenfalls den Vorteil, daß man nur sechs Grundformen zu kennen brauchte, und daß das Addieren und Subtrahieren mit ihnen sehr einfach war; denn wer die Addition ΔΔΔ + ΔΔΔΔ = 𐅄ΔΔ (30 + 40 = 70) erfaßt hat, versteht damit ohne weiteres auch die Gleichung HHH + HHHH = 𐅅HH (300 + 400 = 700). Diesen Vorzügen steht aber der Nachteil der außerordentlichen Länge und Weitschweifigkeit gegenüber, und das Verlangen nach Kürze war es wohl, das schließlich die Verwendung dieses alten Ziffernsystems auf Inschriften beschränkte und einem neuen zum Siege verhalf.

Diese *zweite Bezeichnungsweise* besteht darin, daß sämtliche Buchstaben des griechischen Alphabets als Zahlzeichen benutzt wurden. Wir verweilen nicht bei der altathenischen Sitte, bei Numerierungen die ersten 24 Ordnungszahlen durch die 24 Buchstaben des griechischen Alphabets zu bezeichnen, sondern wenden uns sofort zu der vom 5. vorchristlichen Jahrhundert an nachweisbaren und später in ganz Griechenland üblich gewesenen Ziffernschrift. Um deren Entstehung und allmähliche Entwicklung zu verstehen, müssen wir etwas genauer auf die griechische *Schrift* eingehen und knüpfen zu diesem Zweck an die Ausführungen in der Einleitung an.

Ohne durchgreifende Veränderungen war das phönikische Alphabet bei der Verschiedenheit des semitischen und griechischen Sprachcharakters für die Griechen nicht verwendbar. Diese Veränderungen wurden teils unmittelbar und allgemein bei der Übernahme, teils im Laufe der Zeit und mit Beschränkung auf begrenzte Gebiete vorgenommen. Die folgende Tafel gibt eine Übersicht über die griechischen Buchstaben. Die ursprünglichen semitischen Buchstabennamen sowie die aus den griechischen abgeleiteten lateinischen Buchstaben sind zum Vergleich beigefügt. (Die in [ ] stehenden wurden später unterdrückt, vgl. S. 38.)

1. Alpha (Aleph)	α	a	15. Xi (Samekh)	ξ	x
2. Beta (Beth)	β	b	16. Omikron (Ajin)	o	o
3. Gamma (Gimel)	γ	c (g)	17. Pi (Pe)	π	p
4. Delta (Daleth)	δ	d	18. [San (Zade)	M]	
5. Epsilon (He)	ε	e	19. [Koppa (Qoph)	ϙ]	q
6. [Digamma (Waw)	ϛ (Ϝ)]	f	20. Rho (Resch)	ρ	r
7. Zeta (Zajin)	ζ	z	21. Sigma (Schin)	σ	s
8. Heta (Cheth)	η	h	22. Tau (Taw)	τ	t
9. Theta (Teth)	θ	—	— — —	—	—
10. Jota (Jod)	ι	i	23. Ypsilon	υ	u, v, y
11. Kappa (Kaph)	κ	k	24. Phi	φ	—
12. Lambda (Lamed)	λ	l	25. Chi	χ	—
13. My (Mem)	μ	m	26. Psi	ψ	—
14. Ny (Nun)	ν	n	27. Omega	ω	—

Die ersten 22 Buchstaben wurden von den Semiten übernommen. Die für die Griechen nicht verwendbaren Kehllautzeichen Aleph, He, Cheth und Ajin wurden zur Bezeichnung der Vokale a, ĕ, ē, o benutzt, und bei der Übernahme kam sofort der Vokal υ als 23. Buchstabe hinzu. Die letzten vier Buchstaben sind eine spätere griechische Erfindung; über deren Zeitpunkt sind die Ansichten geteilt. Jedenfalls ist ω, der zuletzt erfundene Buchstabe, nicht vor dem Jahr 750 v. Chr. hinzugefügt worden, da er in allen italischen Alphabeten fehlt.

Diese dem Wesen der griechischen Sprache angepaßte, wohldurchdachte und planmäßige Weiterbildung des semitischen Uralphabets ist, wie man annimmt, von *Milet* ausgegangen, der ionischen Hauptstadt an der Westküste Kleinasiens. Dort vollzogen sich auch einige Veränderungen an den vier Zischlauten des phönikischen Alphabets (Nr. 7, 15, 18, 21), auf die wir zum Verständnis der Ziffern kurz eingehen müssen. Die griechische Sprache besitzt nicht so viele Zischlaute wie die phönikische; es wurde deshalb Zeta für den Laut dz, Xi für den Laut ks und Sigma für den gewöhnlichen s-Laut verwendet, während das Zade entbehrlich wurde. Man verwendete es zunächst für ein sehr scharfes s; als aber die Konsonantenverdoppelung erfunden war, schrieb man σσ für Zade, dieses kam außer Gebrauch, und die übrigen Buchstaben rückten auf, so daß man jetzt im ganzen 26 Buchstaben besaß. Ehe aber das altertümliche Zade ganz in Vergessenheit geriet, wurde ein Ziffernsystem erfunden, das die Buchstaben in ihrer alphabetischen Reihenfolge zur Bezeichnung der Einer, Zehner und Hunderter in folgender Weise benutzte:

α Α = 1	ι Ι = 10	ρ Ρ = 100
β Β = 2	κ Κ = 20	σ Σ = 200
γ Γ = 3	λ Λ = 30	τ Τ = 300
δ Δ = 4	μ Μ = 40	υ Υ = 400
ε Ε = 5	ν Ν = 50	φ Φ = 500
ϛ Ϲ = 6	ξ Ξ = 60	χ Χ = 600
ζ Ζ = 7	ο Ο = 70	ψ Ψ = 700
η Η = 8	π Π = 80	ω Ω = 800
θ Θ = 9	ϙ Ϙ = 90	(ͳ, ↑ bzw. ϡ = 900).

Da man mit den 26 Buchstaben nur bis 800 reichte, zog man das veraltete Zade (oder San, wie es auch hieß) wieder hinzu, und setzte es, da seine ursprüngliche (18.) Stelle durch das Nachrücken der übrigen Buchstaben besetzt war, an den Schluß in der aus Μ hervorgegangenen Form ͳ oder ↑; damit war ein Zahlzeichen für 900 geschaffen. Erst im 15. Jahrhundert n. Chr. kam bei byzantinischen Schreibern die Form ϡ auf, die heute in griechischer Schrift benutzt wird, und der Name *Sampi* für dieses Zeichen ist wohl noch späteren Ursprungs. Da nun bald nach der Erfindung des Zahlenalphabets das Lautzeichen Digamma oder Waw als unnötig abgeschafft und das Koppa durch Kappa ganz verdrängt wurde, während die übrigen Buchstaben aufrückten, so unterscheidet sich das von Milet aus in ganz Griechenland verbreitete Zahlenalphabet von dem im 5. Jahrhundert v. Chr. allgemein eingeführten sog. ionischen Buchstabenalphabet[1]) durch die drei *Zusatzzeichen* Waw, Koppa und Sampi, welche man *Episemen* nannte.

Um Verwechslungen zu vermeiden, wurden die Buchstaben, wenn sie Zahlen bedeuteten, in der Regel mit einem Akzent oder mit einem darübergesetzten Horizontalstrich versehen; im übrigen sieht man, daß unter Verwendung des additiven Prinzips jede Zahl unter 1000 mit Hilfe jener 27 Zeichen dargestellt werden konnte; z. B. $\overline{\text{ιϛ}} = 16$; $\overline{\text{ρϙβ}} = 192$; $\overline{\text{ϡϙθ}} = 999$; $\text{ψπ}' = 780$.

Die Tausender wurden meist dadurch bezeichnet, daß man den Einerziffern α bis θ links unten einen kommaähnlichen Strich beifügte, der in unzweideutigen Fällen auch weggelassen wurde; also z. B. $\overline{\text{͵β}} = 2000$; $\overline{\text{͵γϡξη}} = 3968$; $\overline{\text{͵δζ}} = 4007$. Da bei dieser Schreibweise, wenigstens im allgemeinen, das Gesetz der Größenfolge beachtet wurde, so konnte z. B. die Zahl $\overline{\text{βωλα}}$ nichts anderes als 2831 bedeuten, auch wenn der Strich bei β weggelassen wurde. Allerdings finden sich auch zahlreiche Abweichungen von diesem Gesetz; namentlich in späterer Zeit wichen byzantinische Schreiber unter dem Einfluß der semitischen Schreibweise davon ab, und man findet Beispiele wie $\overline{\text{εμυ}} = 445$, ja selbst $\overline{\text{ορδ}} = 174$. Aber da jedes Zeichen durch seinen Platz im Alphabet seinen festen Zahlenwert hatte, so konnte dies zu keinen Mißverständnissen führen.

Die Zahl 10000 wurde gewöhnlich nicht durch ͵ι bezeichnet, sondern man griff auf die alte Verwendung der Anfangsbuchstaben der Zahlwörter zurück und stellte sie durch M oder Mυ dar. Bei Vielfachen von 10000 konnte der Faktor eine dreifache Stellung einnehmen, nämlich vor, nach oder über M; im ersteren Fall wurde, besonders bei Diophant, das Zeichen M meist durch einen einfachen Punkt ersetzt. Es war also 20000 durch βM oder Mβ oder $\overset{\beta}{\text{M}}$ dargestellt, und es ist z. B. $\overline{\text{δ}\cdot\text{͵γυνη}} = 43458$, $\overset{\lambda\delta}{\text{M}}\,\text{͵θυν} = 349450$. Als

1) Das ionische Alphabet enthält 24 Buchstaben, nämlich alle in der Alphabettafel S. 36 verzeichneten mit Ausnahme der in [ ] stehenden.

weitere Beispiele seien noch zwei größere Zahlen aus Diophant hergesetzt, nämlich ρν·,ζϡπδ = 1507984 und ,αϡϙα·,εσιδ = 19915214. Die größte Zahl, die mit den vorhandenen Zeichen dargestellt werden kann, ist $10^8 - 1$.

Die *Brüche* wurden auf verschiedene Weise geschrieben. Nach ägyptischem Vorbild zerlegten die Griechen einen Bruch häufig in eine Summe von Brüchen mit dem Zähler 1. Ein solcher Stammbruch wird durch seinen Nenner bezeichnet, der mit einem oder zwei Akzenten versehen wird; z. B. ιβ'' = $^1/_{12}$. Bei unzerlegten Brüchen wurde der Zähler noch durch eine gewöhnliche Zahl angegeben und beide nebeneinandergesetzt, z. B. νε' ρϙβ'' = $^{55}/_{192}$; in Herons Geometrie wird dabei der Nenner zweimal geschrieben, also κγ' λγ'' λγ'' = $^{23}/_{33}$. Diophant schreibt den Nenner über den Zähler, also $\genfrac{}{}{0pt}{}{\gamma}{\epsilon} = \frac{5}{3}$. Für die Brüche $\frac{1}{2}$ und $\frac{2}{3}$ wurden, wie bei den Ägyptern, besondere altertümliche Zeichen benutzt. Bei astronomischen Rechnungen verwendeten die Griechen nach dem Vorbild der Babylonier seit dem 2. Jahrhundert v. Chr. Sexagesimalbrüche, bei denen nur die Zähler angegeben, die Nenner aber durch Akzente bezeichnet wurden, z. B. μοιρῶν (= Grad) $\overline{\mu\zeta}$ μβ' μ'' = 47° 42' 40''.

Über den *Ursprung* des Zahlenalphabets, das entsprechend den örtlichen und zeitlichen Unterschieden der Buchstabenalphabete mannigfache Abweichungen von den geschilderten Formen aufweist, ist wenig Sicheres bekannt. Wir werden im V. Abschnitt zeigen, daß die Griechen dieses System sicherlich *nicht* von den Phönikern übernommen haben, was übrigens schon daraus hervorgeht, daß sie das Zade, nachdem es als Lautzeichen aufgegeben war, als Zahlzeichen an den Schluß der Reihe stellten. Da es aber dem Prinzip nach einige Ähnlichkeit mit der hieratischen und demotischen Zahlbezeichnung aufweist, so kann man vermuten, daß es als Schöpfung von Gelehrten unter ägyptischem Einfluß entstanden ist; seine weitere Ausbildung und Entwicklung trägt jedenfalls einen *spezifisch hellenischen Stempel*. Aus philologischen Gründen, die mit der oben geschilderten Entwicklung des Buchstabenalphabetes zusammenhängen, nehmen wir mit W. Larfeld die Erfindung des Zahlenalphabets für Milet in Anspruch und setzen sie an das Ende des 8. vorchristlichen Jahrhunderts. Das älteste inschriftliche Beispiel allerdings stammt erst aus der Mitte des 5. vorchristlichen Jahrhunderts, denn das milesische Zahlenalphabet bedurfte eines sehr langen Zeitraums, um zur unbestrittenen Alleinherrschaft zu gelangen. Es ist zwar kaum denkbar, daß Plato und Aristoteles ihre Zahlen nach herodianischer Weise bezeichnet haben, aber in größerem Umfange ist das Zahlenalphabet erst seit der Diadochenzeit nachweisbar. Die Privatleute scheinen es seit 300 v. Chr. verwendet zu haben, die Staatskanzleien halten bis etwa 150 v. Chr. an der herodianischen Schreibweise fest. In Athen gelangte es sogar erst im letzten vorchristlichen Jahrhundert zu allgemeiner Annahme; von da ab wird es aber in allen griechisch geschriebenen Inschriften und Papyrusurkunden verwendet, und die Neugriechen benutzen es neben den sogenannten arabischen Ziffern heute noch.

So wenig wir über den Ursprung dieses Ziffernsystems unterrichtet sind, so wenig kennen wir die Gründe, welche die Griechen veranlaßten, das herodianische Ziffernsystem aufzugeben. Ein Grund dafür ist vielleicht die viel größere *Kürze* der neuen Zahlbezeichnung gegenüber der alten; man vergleiche die S. 35 in herodianischen Ziffern gegebene Darstellung der Zahl 4867 mit $,\overline{\delta\omega\xi\zeta}$! Das milesische Zahlenalphabet ist gewiß ein außerordentlich *konsequentes* System der Zahlbezeichnung, aber ein bequemes Recheninstrument war es anfänglich keineswegs. Denn abgesehen von der großen Menge seiner Zeichen, die zudem wegen der drei Episemen mit denen des Buchstabenalphabets sich nicht deckten, hatte es gegenüber den herodianischen Ziffern den großen Nachteil, daß es die Entstehung der Vielfachen von 10 und 100 aus diesen Zahlen und einem andern Faktor, d. h. den innern Zusammenhang zwischen 6, 60 und 600 z. B. nicht unmittelbar zur Anschauung brachte; aus $\overline{\lambda} + \overline{\mu} = \overline{o}$ folgt dem bloßen Anblick nach keineswegs $\overline{\tau} + \overline{\upsilon} = \overline{\psi}$, sondern dieser Zusammenhang mußte erst durch besondere Überlegungen aufgedeckt werden, die allerdings durch die Sprachformen nahegelegt wurden (wohl aber folgt aus $\overline{\gamma} + \overline{\delta} = \overline{\zeta}$ sofort $,\overline{\gamma} + ,\overline{\delta} = ,\overline{\zeta}$). Wenn aber das Zahlenalphabet in bezug auf Addition und Subtraktion gegenüber dem herodianischen

System im Nachteil ist, so ist es in bezug auf Multiplikation und Division an sich nicht zweckmäßiger als dieses. In den Händen der großen griechischen Arithmetiker Archimedes und Apollonius wurde es jedoch zu einem außerordentlich brauchbaren und bequemen Hilfsmittel der Rechnung, das die vier Grundoperationen beinahe ebenso einfach auszuführen erlaubte, wie wir es heute mit unseren 10 Ziffern gewöhnt sind. Archimedes stellte sich nämlich in einer sehr merkwürdigen Schrift, die den Namen *Sandrechnung*[1]) führt, die Aufgabe, zu zeigen, daß die Zahlenreihe nach oben keinen Abschluß hat. Er geht zu diesem Zweck von der Frage aus, wie viele Sandkörner eine Kugel von der Größe des Weltalls faßt. Um die dabei auftretenden Zahlen zu benennen, faßt er die Zahlen bis zu $10^8 - 1$ als erste Oktade zusammen; hierauf macht er 10^8 zu einer neuen Einheit und faßt die Zahlen von 10^8 bis $10^{16} - 1$ als zweite Oktade zusammen, usw. Obwohl sich diese Untersuchungen im wesentlichen auf systematisch gebildete *Wortformen* für die höheren Einheiten als die Myriade[2]) bezogen, so steckt darin doch der *Keim des Positionsgedankens,* da ja alle Zahlen der zweiten und der folgenden Oktaden mit denselben Zeichen geschrieben werden mußten wie die der ersten Oktade. Eine ganz ähnliche Gruppierung der Zahlen unternahm Apollonius von Pergä; er benutzte aber statt der Oktaden die den Griechen geläufigeren Myriaden, d. h. er faßte alle Zahlen bis zu $10^4 - 1$ zu einer Gruppe erster Ordnung, die Zahlen von 10^4 bis $10^8 - 1$ zu einer Gruppe zweiter Ordnung usw. zusammen und bezeichnete diese „Tetraden" mit Mα, Mβ, Mγ usw. Auf Grund dieser Ordnungszahlen schuf er dann eine der unsrigen ganz ähnliche Multiplikationsmethode, bei der die Multiplikation irgend zweier Zahlen zurückzuführen war auf die ihrer Wurzelzahlen, die *Pythmenes* genannt wurden. Darunter verstand er die Anzahl der Zehner bzw. Hunderter oder Tausender, die in einer durch 10 oder 100 oder 1000 teilbaren

1) Vgl. Band 25 dieser Sammlung: W. Lietzmann, *Riesen und Zwerge im Zahlenreich.* S. 11.

2) Die griechische Sprache hatte, wie schon bemerkt wurde, für 10000 ein besonderes Wort (im Gegensatz zum Lateinischen und zu den modernen Sprachen) und teilte deshalb die Zahl 427347 so ein: 42 Myriaden, 7 Tausender, 3 Hunderter, 4 Zehner, 7 Einer.

Zahl enthalten sind; so ist z. B. 3 die Wurzelzahl von 30, 300 und 3000. Durch diese Überlegung, die natürlich durch die Bildung der Zahl*wörter* nahelag, wurde der oben erwähnte Mangel des Zahlenalphabets aufgehoben.

Diese geistreiche Überwindung der in dem Ziffernsystem liegenden Schwierigkeiten ist ein neuer Beweis für die mathematische Begabung der Griechen. Aber diese Errungenschaften blieben doch im wesentlichen auf die Kreise der Gelehrten beschränkt und konnten das Rechnen nicht zu einer so einfachen Sache machen, wie manche neueren Forscher gemeint haben. Trotz aller Vollendung und Folgerichtigkeit im einzelnen bildete das alphabetische Ziffernsystem ein großes Hemmnis für die arithmetischen Forschungen der Griechen: es entsprach nicht den Anforderungen einer Ökonomie des Denkens, es war wegen des Mangels einer Null ungeeignet zur praktischen Weiterbildung, und es machte die Erfindung einer allgemeinen Buchstabenrechnung, in der jeder Buchstabe eine *beliebige* (feste oder veränderliche) Größe bedeuten kann, unmöglich, da sich ja mit jedem Buchstaben der Begriff einer *bestimmten* Zahl verband. Ohne den Besitz einer allgemeinen Buchstabenrechnung ist aber die Darstellung allgemeiner mathematischer Methoden sehr erschwert, wenn nicht unmöglich. Bei Pappus (295 n. Chr.), Diophant und im Mittelalter finden sich zwar Ansätze für die Benutzung solcher Buchstabengrößen; aber ihre allgemeinere Verwendung nimmt erst im 16. Jahrhundert zu und erreicht bei Viëta (1540–1603) und Descartes (1596–1650) einen gewissen Höhepunkt; damit beginnt das Zeitalter der neueren Mathematik.

FÜNFTER ABSCHNITT

DIE ZAHLZEICHEN DER SEMITISCHEN VÖLKER

Die Urheimat der semitischen Völker ist wohl in Arabien zu suchen, jener geheimnisvollen, noch heute wenig erforschten Halbinsel, auf der öde Wüsten, heiße Steppen und fruchtbare blühende Landstrecken miteinander abwechseln. Wir wissen, daß in das alte Kulturland Babylonien von Arabien her immer wieder semitische Völkerwellen eindrangen, und zahlreiche Felseninschriften Arabiens, die in neuester

Zeit erst aufgefunden wurden, aber noch lange nicht erschöpfend durchforscht sind, geben uns Kunde davon, daß die Halbinsel in vorchristlicher Zeit Staaten getragen hat, die an Kultur den andern Staaten jener Zeit nicht nachstanden. Die semitischen Stämme zeigen alle, namentlich auf religiösem Gebiet, charakteristische Eigentümlichkeiten und einen nüchternen, aufs Praktische gerichteten Verstand; sie stehen sich nicht nur geistig, sondern auch sprachlich so nahe, daß man unter *Semiten* nicht sowohl eine bestimmte Rasse als vielmehr diejenigen Völkerschaften versteht, die eine *semitische Sprache* reden. Die durch gewisse auffallende Eigentümlichkeiten ausgezeichneten semitischen Sprachen zerfallen in eine nördliche und eine südliche Gruppe; in der letzteren ist die wichtigste Sprache das *Arabische* mit seinen zahlreichen Dialekten; zu den nordsemitischen Sprachen gehören außer den in Keilschrift geschriebenen Dialekten von Assyrien und Babylonien das *Hebräische* und *Phönikische,* vor allem aber das *Aramäische.* Diese letztere Sprache, welche ursprünglich nur von einigen Bergvölkern gesprochen wurde, verbreitete sich bald als Handelssprache über ganz Vorderasien, verdrängte vom 8. Jahrhundert v. Chr. an alle andern nordsemitischen Sprachen und war zur Zeit des Perserreichs (also um 500 v. Chr.) die Amts- und Verkehrssprache für alle Provinzen westlich vom Euphrat bis nach Kleinasien und Ägypten hinein. Zur Zeit Jesu diente das Aramäische in Palästina noch als Umgangssprache; das Hebräische war damals bereits eine tote Sprache, die nur in den heiligen Schriften weiterlebte. Das *Syrische,* das im oströmischen Reiche nach dem Griechischen die vornehmste Sprache war, auch im persischen Reiche eine große Rolle spielte und heute noch nicht ganz ausgestorben ist, ist ein Dialekt des Aramäischen. Dasselbe gilt von der Sprache, welche in dem zwischen 200 v. Chr. und 100 n. Chr. blühenden nordarabischen Reiche der *Nabatäer* und nach dessen Sturz im Reiche von *Palmyra* gesprochen wurde, jener berühmten Handelsstadt in der syrischen Wüste, auf deren Trümmern das heutige Dorf *Tudmor* steht. Die letzte Welle der semitischen Völkerwanderung brachte die *Araber* in die alten Kulturländer, und heute sind fast alle anderen semitischen Sprachen durch das Arabische verdrängt. Schon in der Einleitung wurde erwähnt, daß alle diese Sprachen allmählich die linksläufige Schrift und das Alphabet der Phöniker übernahmen, wobei sich wohl die Form, nicht aber die Bedeutung und nur selten die Reihenfolge der Buchstaben änderte (vgl. die Zusammenstellung auf S. 36).

In den ältesten Inschriften Palästinas finden sich keine *Zahlzeichen;* auf der Mesa-Inschrift werden die Zahlen nur durch Zahlwörter ausgedrückt. Die Verwendung der Buchstaben als Zahlzeichen ist weder bei den Phönikern noch bei den Aramäern nachweisbar; man hat auf keiner der zahlreichen phönikischen, karthagischen und aramäischen Inschriften und auf keiner altsemitischen Papyrushandschrift je eine Spur einer alphabetischen Ziffernbezeichnung gefunden, so daß die zuweilen ausgesprochene Vermutung, die Griechen hätten mit der Schrift auch den Zahlenwert der Buchstaben von den Phönikern übernommen, unhaltbar ist. Dagegen findet sich auf vielen aramäischen Inschriften, deren älteste aus dem 8. Jahrhundert v. Chr. stammen, auf den phönikischen und punischen Inschriften und Münzen des 4. bis 2. vorchristlichen Jahrhunderts, sowie auf nabatäischen und palmyrenischen Inschriften des 1. bis 3. Jahrhunderts n. Chr. ein eigenartiges Ziffernsystem, das im Prinzip überall gleich ist, wenn auch die Form der Zeichen mannigfache Verschiedenheiten aufweist. Als typische Beispiele seien hier die phönikischen und palmyrenischen Ziffern abgebildet.[1])

PHÖNIKISCHE ZIFFERN

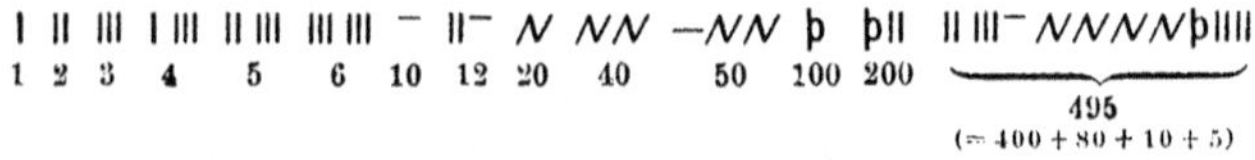

PALMYRENISCHE ZIFFERN

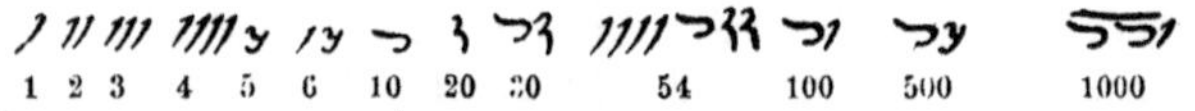

In diesem System werden die Zahlen 1 bis 9 durch senkrechte Striche in Gruppen zu dreien dargestellt; im Nabatäischen findet sich für 4 auch das Zeichen X, das wohl aus vier Strichen entstanden ist. Später wurde für 5 ein beson-

1) Nach Pihan S. 166 ff. und Lidzbarski, Tafel XLVI.

deres Zeichen eingeführt, wie wir es in Palmyra finden; aus älterer Zeit ist nur ein Beispiel bekannt, in dem die Zahl 7 durch das Zeichen IIY wiedergegeben ist. Die Zahl 10 wurde durch einen wagrechten Strich dargestellt, der beim Schreiben später ein Häkchen erhielt, zuweilen aber auch zu einem Punkt zusammenschrumpfte. Besonders auffallend ist nun, daß für 20 ein besonderes Zeichen benutzt wird, das in den verschiedensten Formen vorkommt. Seine Entstehung erklären wir im Anschluß an M. Lidzbarski auf folgende Weise: Die Zehner finden sich anfangs in Gruppen zu je zweien abgeteilt, derart, daß die beiden wagrechten Striche übereinander gesetzt wurden. Bei dem Streben, zusammengehörige Linien zu verbinden, wurde = zu I und Z; bei Phönikern und Aramäern erscheint das zweite Zeichen um 90^0 gedreht, bei Nabatäern und Palmyrenern erhielt es rechts unten noch ein Häkchen. Mit diesen drei bzw. vier Zeichen wurden die übrigen Zahlen unter 100 durch Addition unter Beachtung des Gesetzes der Größenfolge dargestellt, so daß also das Dezimalsystem von einem *Vigesimalsystem* durchsetzt erscheint.

Für 100 tritt bei den alten Semiten in verschiedener Gestalt ein neues Zeichen auf, dessen Grundformen I° und ·| zu sein scheinen. Zur Bezeichnung von mehreren Hunderten nahmen diese Zeichen multiplikative Faktoren rechts neben sich, wie es die Beispiele zeigen; auch dem Zeichen für 100 wird oft der die Eins andeutende Strich ausdrücklich beigefügt. Dieses multiplikative Verfahren, das wir in ganz ähnlicher Weise bei den entsprechenden hieratischen und demotischen Zahlzeichen fanden, hat zweifellos seinen Grund in der sprachlichen Bildung der entsprechenden Zahlwörter, die bei den Hundertern wie im Deutschen bei Ägyptern und Semiten multiplikativ war. Bei den Zehnern dagegen verwenden die semitischen Sprachen (abweichend vom Deutschen) ein additives Prinzip, denn die Wörter für 20, 30, 40 usw. sind die Mehrzahlbildungen der Wörter für 10, 3, 4 usw., und aus diesem Grunde wurden wohl auch die Zahlzeichen für die Zehner additiv gebildet.

In einigen aramäischen und phönikischen Inschriften aus dem 3. bis 2. Jahrhundert v. Chr. findet sich das Zeichen ℍ für 1000, und in einem aramäischen Text kommt ein multiplikativ gebildetes Zeichen für die Zahl 3000 vor. Aber im ganzen sind größere Zahlen selten.

In den *syrischen* Handschriften des 6. und 7. Jahrhunderts n. Chr. werden zur Numerierung der Pergamente, zur Zählung von Hymnen, Sentenzen usw. eigentümliche Zahlzeichen angewandt, die dem Prinzip nach mit den phönikischen und palmyrenischen Ziffern übereinstimmen, wenn auch die Gestalt der Zeichen für 5 und 20 ganz verschieden ist. Es handelt sich aber hier um ein künstliches, wohl von Schreibern erfundenes System, das keine weitere Verbreitung fand.

SYRISCHE ZAHLZEICHEN [1])

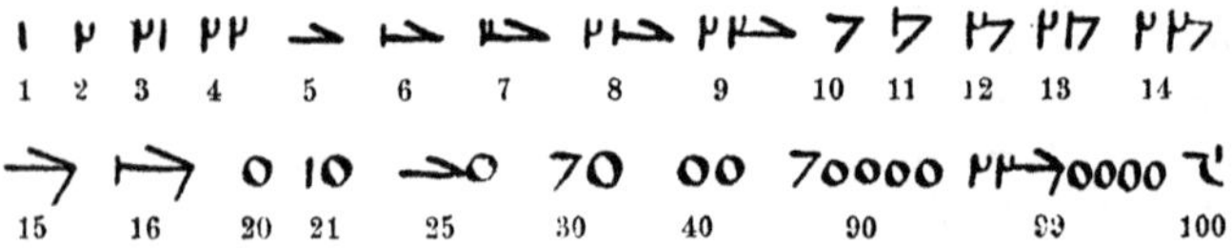

Wir halten es für wahrscheinlich, daß alle diese alten semitischen Zahlzeichen von den betreffenden Völkern selbst erfunden wurden, wobei allerdings einzelne Entlehnungen aus Ägypten, sei es der Gestalt oder dem Prinzip nach, nicht ausgeschlossen sind. Beim Vergleich dieser Zahlzeichen mit den hieratischen und demotischen wird der Leser manche Ähnlichkeiten entdecken. Hier sei nur noch daran erinnert, daß auch die auf S. 34 erwähnten kretischen und kyprischen Zahlzeichen dem Grundgedanken und teilweise auch der Gestalt nach mit den phönikischen übereinstimmen; diese Übereinstimmung ist bei den sonstigen lebhaften Beziehungen der Phöniker zu dem ägäischen Kulturkreise wahrscheinlich mehr als bloß zufällig.

In späterer Zeit bedienten sich die semitischen Völkerschaften ähnlich wie die Griechen der Methode der *Zahlbezeichnung mit Hilfe der Buchstaben ihres Alphabets*. Die Spuren dieser Bezeichnungsweise finden sich aber erst lange, nachdem die Buchstaben als Lautzeichen an die Griechen übergegangen waren, ein weiterer Beweis für die schon wiederholt erwähnte Tatsache, daß die letzteren das Zahlenalphabet nicht von den Semiten entlehnt haben. Wir

---

1) Nach E. Rödiger, Zeitschr. d. Deutschen Morgenländ. Gesellsch. **16** (1862), 578.

müssen im Gegenteil annehmen, daß die Semiten den *Gedanken* des Zahlenalphabets *von den Griechen* übernommen haben. Allerdings in den Einzelheiten weicht das semitische von dem griechischen Zahlenalphabet ab, da ja die Alphabete der semitischen Völker ursprünglich nur aus den 22 Buchstaben in der alten phönikischen Anordnung bestanden und mit der griechischen Buchstabenfolge zunächst nur noch bis zum Pi (= 80) übereinstimmten (s. die Zusammenstellung S. 36 und 37). Die Zahlenwerte der semitischen Buchstaben sind aus der folgenden Tafel zu entnehmen. Als Repräsentanten der bei den einzelnen semitischen Völkern verschiedenen Buchstabenformen haben wir die neuhebräische Quadratschrift gewählt, die sich vom 2. Jahrhundert v. Chr. an aus der aramäischen Schrift entwickelt hat, und in der heute noch das Hebräische geschrieben wird.

Aleph	א	= 1	Jod	י	= 10	Qoph	ק	= 100
Beth	ב	= 2	Kaph	כ	= 20	Resch	ר	= 200
Gimel	ג	= 3	Lamed	ל	= 30	Schin	ש	= 300
Daleth	ד	= 4	Mem	מ	= 40	Taw	ת	= 400
He	ה	= 5	Nun	נ	= 50	Kaph (fin.)	ך	= 500
Waw	ו	= 6	Samekh	ס	= 60	Mem (fin.)	ם	= 600
Zajin	ז	= 7	Ajin	ע	= 70	Nun (fin.)	ן	= 700
Cheth	ח	= 8	Pe	פ	= 80	Pe (fin.)	ף	= 800
Teth	ט	= 9	Zade	צ	= 90	Zade (fin.)	ץ	= 900

Da die 22 Buchstaben nur bis 400 reichten, so mußten für die übrigen Hunderter andere Zeichen gesucht werden, wobei die verschiedenen semitischen Völker verschiedene Wege einschlugen. Die *Hebräer*, bei denen die früheste alphabetische Zahlbezeichnung aus dem Jahr 137 v. Chr. stammt, behalfen sich lange Zeit mit Zusammensetzungen, also z. B. 500 = תק = 400 + 100; 900 = תתק = 400 + 400 + 100; später aber, namentlich in den kabbalistischen Rechnungen, benutzten sie einen anderen Kunstgriff. Wie nämlich der Buchstabe s in der sogenannten deutschen Schrift die zwei Formen ſ und s hat, von denen die erstere am Anfang und im Innern eines Wortes, die letztere nur am Schluß vorkommt, so gibt es auch im Hebräischen fünf Buchstaben mit zwei Formen, von denen die eine nur am Schluß der Wörter (als Finalbuchstabe) auftritt; es sind dies die Buchstaben Kaph, Mem, Nun, Pe und Zade. Diese fünf Finalformen wurden zur Bezeichnung der Zahlen 500 bis 900 herangezogen. Zur Darstellung der Tausender verfuhren die Hebräer ähnlich wie die Griechen; sie kehrten zum Anfang des Alphabets zurück und setzten über die Buchstaben einen oder zwei Punkte, welche eine vertausendfachende Bedeutung hatten; im Gegensatz zu den Griechen aber setzten sie dieses Verfahren konsequent auch über 10000 hinaus fort und konnten demnach alle Zahlen unterhalb einer Million schreiben; darüber hinaus kommen keine in Ziffern geschriebenen Zahlen vor. Jede beliebige Zahl wird wie bei den Griechen durch additive Nebeneinanderstellung dieser Grundzeichen ausgedrückt. Da die Hebräer wie die meisten Semiten von rechts nach links schrieben, so stehen die größeren Zahlen rechts von den kleineren; in Fällen, wo diesem Prinzip der Größenfolge gemäß jede Zweideutigkeit ausgeschlossen schien, konnten die beiden Punkte über den Tausendern unterdrückt werden. Der Verwechslung von Zahlen und Wörtern wurde dadurch vorgebeugt, daß man über die letzte Ziffer in jeder Zahl zwei Häkchen setzte. Diese Zahlzeichen sind heute noch bei den Juden in hebräisch geschriebenen Werken gebräuchlich. Beispiel: ב̈ת״ו = 2436.

Die alphabetische Zahlbezeichnung der *Syrer,* welche sich in späterer Zeit neben den altaramäischen Ziffern findet, steht derjenigen der Hebräer nahe; sie verfahren bis 400 ebenso wie diese. Da sie aber zu viele, und deshalb nicht so charakteristisch verschiedene Finalbuchstaben hatten, umgingen sie die additive Bildung der Zahlen 500 bis 900 (die jedoch auch vorkommt) durch Verwendung der Buchstaben Nun bis Zade, die durch einen darübergesetzten Punkt den zehnfachen Wert erlangten, und dehnten dieses Verfahren auch auf die Buchstaben Jod bis Mem zur Bezeichnung der Zahlen 100 bis 400 aus. Die Tausender wurden durch die Einer mit einem unten rechts angefügten Komma dargestellt; ein unter die Einer und Zehner gesetzter wagrechter Strich verleiht ihnen zehntausendfachen Wert, und sogar die Multiplikation mit einer Million wurde durch solche kleine Unterscheidungszeichen ausgedrückt.

Von besonderem Interesse sind für uns die Zahlzeichen der *Araber.* Der Eintritt der Araber in die Reihe der Kulturvölker gehört zu den merkwürdigsten Ereignissen der Völkergeschichte. Noch im 6. Jahrhundert n. Chr. lebten sie in sehr losen Verbänden als Nomaden, hatten kaum eine Geschichte und übten auf ihre Nachbarvölker nur einen geringen kulturellen Einfluß aus. Im 7. Jahrhundert ermannen sich diese Nomadenstämme plötzlich unter dem Einfluß einer beispiellosen Religionsbegeisterung, bezwungen von dem Willen eines einzigen Mannes, und dringen mit sieghafter Gewalt überall vor. Im Jahre 622 floh Muhammed aus Mekka; 100 Jahre später hatten seine Anhänger die Länder vom Indus bis zum Ebro, Persien, Mesopotamien, Syrien und Nordafrika überflutet, allen diesen Ländern ihren Glauben, ihre Gesetze, ihre Sprache aufgedrängt, sich mit wunderbarer Leichtigkeit die Zivilisation der unterjochten Völker angeeignet und sich in die neuen Kulturverhältnisse eingelebt. Die arabische Sprache, die Sprache des Koran, wurde in allen eroberten Ländern zur Schriftsprache erhoben; sie erwies sich als festes Bindemittel zwischen allen islamitischen Völkern und ist heute noch eine der verbreitetsten Sprachen der Welt.

Die arabische *Schrift* hat sich im 4. und 5. Jahrhundert n. Chr. aus der nabatäischen entwickelt und war im 6. Jahrhundert schon im ganzen nordarabischen Sprachgebiet bekannt; wahrscheinlich war sie zur Zeit Muhammeds in Mekka und Medina im Gebrauch. Bald entstand eine besondere Berufsklasse der Schreiber, welche die Schönschreibekunst und das Schriftwesen immer mehr vervollkommneten. Die Buchstaben des alten nabatäischen Alphabets werden immer feiner und flüchtiger, bis aus ihnen die heute noch im Orient bei Arabern, Persern und Türken gebräuchliche Kurrentschrift, die sog. *Neskhî*-Schrift (d. h. Schrift der Abschreiber), entstand. Zu dem alten Buchstabenbestand kamen aber sechs neue Zeichen hinzu. Die sechs altsemitischen Buchstaben Taw, Cheth, Daleth, Zade, Teth und Ajin haben nämlich im Arabischen zweierlei Aussprache (vgl. z. B. im Deutschen die Aussprache des ch in „ach" und „ich"). Für die neuen Laute wurden schließlich auch besondere Zeichen geschaffen; sie entstanden aus den alten Buchstaben dadurch, daß man über diese je einen (weiteren) *diakritischen Punkt* setzte. Diese sechs neuen Zeichen wurden, natürlich auch mit neuen Namen, dem altsemitischen Alphabet in der angegebenen Reihenfolge angefügt, so daß das altarabische Alphabet aus 28 Buchstaben bestand.

Als die Araber ihre Eroberungen begannen, besaßen sie noch keine *Zahlzeichen,* sondern schrieben die Zahlwörter aus. An diesem Verfahren haben sie bis auf den heutigen Tag im allgemeinen festgehalten; besondere Zahlzeichen werden nur bei Seitenzahlen, im Datum, in tabellarischen Zusammenstellungen usw. angewandt. Als ums Jahr 700 n. Chr. die amtliche Sprache und die Verwaltung Ägyptens arabisch wurden und griechische Schrift und Sprache beseitigt wurden, ließen sich die griechischen bzw. koptischen Zahlzeichen nicht verdrängen, sondern wurden auch in arabischen Texten beibehalten. Lange und zäh hielten die Araber daran fest. Aber neben den arabischen Urkunden mit griechischen Zahlzeichen oder ausgeschriebenen Zahlwörtern treten doch auch solche auf, in denen besondere arabische Zahlzeichen vorkommen, und zwar bezeichneten die Araber nach dem Vorbild der Griechen und der anderen Semiten die Zahlen durch die Buchstaben ihres Alphabets. Zunächst, im 7. und 8. Jahrhundert, benutzten sie nur die 22 Buchstaben des gemeinsemitischen Alphabets und gelangten also bis zur Zahl 400. Zur Bezeichnung der übrigen Hunderter wurden, wie bei Hebräern und Syrern, Zusammensetzungen herangezogen. Bald aber, vom 9. Jahrhundert an, wurden die sechs dem gemeinsemitischen Alphabet hinzugefügten neuen Buchstaben zur Bezeichnung der Zahlen 500 bis 1000 benutzt. Mit diesen 28 Zeichen konnte durch additive Zusammensetzung jede Zahl bis 1999 einschließlich dargestellt werden. Durch den überschießenden sechsten Buchstaben gewinnt aber die Zahlenschrift der Araber gegenüber der der Griechen und der anderen Semiten den Vorteil, daß auch alle Vielfachen von Tausend ohne Akzente und andere Hilfsmittel dargestellt werden können. Dabei treten einfach die Zeichen für die kleineren Zahlen mit multiplikativer Wirkung vor das Zeichen für 1000 (d. h. in der Schrift rechts davon), so daß man also mit den 28 Buchstaben bis 10^6 reichte. Dieses Zahlenalphabet ist heute noch bei Arabern und Türken im Gebrauch, wenngleich, wie schon bemerkt, die Zahlen im allgemeinen meist in Worten geschrieben werden und andererseits im praktischen Leben unsere sog. indischen Ziffern immer mehr Eingang finden.

Im Laufe der Zeit ist nun aber in der *Neskhî*-Schrift die im Zahlenalphabet zugrunde gelegte altarabische Reihenfolge der Buchstaben aufgegeben worden; die arabischen Sprach- und Schriftgelehrten haben die Buchstaben nach der äußeren Ähnlichkeit der Schriftbilder in Gruppen geordnet. Dabei behielten jedoch die Buchstaben im allgemeinen denjenigen Zahlenwert bei, der ihnen in der ursprünglichen Anordnung entspricht. Im Schriftalphabet herrschte somit eine andere Reihenfolge als im Zahlenalphabet, und um das Behalten des letzteren zu erleichtern, wurden besondere Merkworte eingeführt. Dazu kam noch die andere Schwierigkeit, daß infolge der großen räumlichen Entfernung der verschiedenen arabisch schreibenden Völkerschaften nicht bloß die Form der Buchstaben, sondern auch deren Reihenfolge im Alphabet allmählich manche örtlichen Veränderungen erlitten, so daß nicht allenthalben der nämliche Buchstabe auch dieselbe Zahl bedeutete. Insbesondere hatten bei den Westarabern manche Buchstaben einen anderen Zahlenwert als die entsprechenden Buchstaben der Ostaraber. Den Zwecken der Wissenschaft konnte ein so mangelhaftes Zahlensystem auf die Dauer nicht genügen, und bei dem regen wissenschaftlichen Interesse der Araber ist es deshalb verständlich, daß sie, sobald sie ein besseres Ziffernsystem fanden, für wissenschaftliche Zwecke dieses an die Stelle ihres eigenen treten ließen. Ein solches scheinen sie von Indien her erhalten zu haben, und wir werden im II. Teile den Anteil der Araber an der Verbreitung der indischen Ziffern zu schildern haben.

Die Zahlenalphabete der Semiten und Griechen gaben zu einer eigentümlichen Art von *Geheimschrift* Veranlassung, die auf orientalischen Einfluß zurückgeht und sich besonders in der jüdischen Kabbala, aber auch in den hellenistischen Kreisen des Ostens findet. Sie besteht darin, daß jedes Wort als eine Zahl (= Summe der Zahlenwerte der Buchstaben) und umgekehrt jede Zahl als ein Wort gedeutet werden kann, und zwar letzteres offenbar auf vielfache Art und Weise. Wir begnügen uns damit, einige Beispiele für diese von den Juden *Gematria* genannte Geheimschrift anzuführen. Die Zahl 666 = χξϛ in Offenbarung Joh. 13, 18 hat wahrscheinlich den geheimen Sinn *Neron*

Caesar, da die Zahlenwerte der semitischen Buchstaben dieser beiden Worte, nämlich Nun, Resch, Waw, Nun (fin.), Qoph, Samekh, Resch zusammen 666 ergeben. Auch auf die eigentümliche Tatsache sei hingewiesen, daß nach Gen. 14, 14 Abraham 318 hausgeborene Knechte bewaffnet, während sein Hauptknecht nach Gen. 15, 2 *Elieser* heißt und der Zahlenwert dieses Wortes (Aleph, Lamed, Jod, Ajin, Zajin, Resch) 318 ergibt. Endlich sei erwähnt, daß in der Kabbala das Schin (=300) als Symbol für den Geist Gottes gilt, weil der Zahlenwert des Ausdrucks *Ruach Elohim*, d. h. Geist des Herrn, (Resch, Waw, Cheth, Aleph, Lamed, He, Jod, Mem) ebenfalls 300 ergibt.

LITERATUR

Adam, J. The Republic of Plato. Cambridge 1902. Bd. II S. 305.

Bezold, C. Ninive und Babylon. Bielefeld und Leipzig 1903.

Brockelmann, C. Semitische Sprachwissenschaft. 2. Aufl. Leipzig 1916.

Cantor, M. Mathematische Beiträge zum Kulturleben der Völker. Halle 1863.

— Vorlesungen über Geschichte der Mathematik. Bd. I. 3. Aufl. Leipzig 1907.

Erman, A. Ägypten und ägyptisches Leben im Altertum. 2 Bde. Tübingen 1885.

— Die Hieroglyphen. Berlin und Leipzig 1912.

Gardthausen, V. Griechische Paläographie. II. Bd. 2. Aufl. Leipzig 1913.

— Ursprung und Entwicklung der griechisch-lateinischen Schrift. German.-roman. Monatsschrift. Bd. 1 (1909) S. 273—283 und 337—349.

Gundermann, G. Die Zahlzeichen. Progr. d. Universität Gießen 1899.

Günther, S. Geschichte der Mathematik. I. Teil. Leipzig 1908.

Hankel, H. Zur Geschichte der Mathematik im Altertum und Mittelalter. Leipzig 1874.

Hell, J. Die Kultur der Araber. Leipzig 1909.

Hilprecht, H. V. The Babylonian Expedition of the University of Pennsylvania. Series A. Vol. XX. Part. 1. Philadelphia 1906.

Hoppe, Edm. Mathematik und Astronomie im klassischen Altertum. Heidelberg 1911.

Hultsch, F. Die geometrische Zahl in Platons VIII. Buch vom Staat. Zeitschr. f. Math.- u. Phys. Bd. 27 (1882), hist.-lit. Abtlg. S. 41 ff.

Jeremias, A. Das Alter der babylonischen Astronomie. Leipzig 1909.

Kewitsch, G. Arbeiten über das Sexagesimalsystem in der Zeitschr. für Assyriologie Bd. 18 (1905) S. 73—95, Bd. 29 (1915) S. 265—283 und im Arch. für Math. und Phys. (3) Bd. 18 (1911) S. 165—168.

Kugler, F. X. Die babylonische Mondrechnung. Freiburg i. Br. 1900.

Larfeld, W. Handbuch der griechischen Epigraphik. 3. Aufl. München 1914.

Lidzbarski, M. Nordsemitische Epigraphik. 2 Bde. Weimar 1898.

Lindemann, F. Zur Geschichte der Polyeder und der Zahlzeichen. Sitzungsber. der math.-phys. Klasse der K. b. Akademie d. Wiss. Bd. 26 (1896) S. 625–758.

— Über einige prähistorische Gewichte usw. Ebenda Bd. 29 (1899) S. 71–136.

Löffler, E. Die arithmetischen Kenntnisse der Babylonier und das Sexagesimalsystem. Archiv der Math. u. Phys. (3) Bd. 17 (1911) S. 135–144.

Meyer, Ed. Geschichte des Altertums. Bd. I. 3. Aufl. Stuttgart 1910—1913.

Nesselmann, Die Algebra der Griechen. Berlin 1842.

Pihan, A. P. Exposé des signes de numération usités chez les peuples orientaux anciens et modernes. Paris 1860.

Ruska, J. Zur ältesten arabischen Algebra und Rechenkunst. Sitzungsber. der Heidelberger Akad. d. Wiss. Phil.-histor. Klasse 1917 (2. Abhandlung).

Schneider, H. Der kretische Ursprung des phönikischen Alphabets. Leipzig 1913.

Sethe, K. Von Zahlen und Zahlworten bei den alten Ägyptern usw. Straßburg 1916.

Simon, M. Geschichte der Mathematik im Altertum usw. Berlin 1909.

Taylor, J. The Alphabet. 2 Bde. London 1883.

Thureau-Dangin, F. Arbeiten über Keilschrifttexte und Zahlentafeln in der Revue d'assyriologie et d'archéologie orientale Bd. 3 (1896) S. 118–146, Bd. 4 (1897) S. 70–86.

Tropfke, J. Geschichte der Elementarmathematik. Bd. I. Leipzig 1902.

Verworn, M. Die Anfänge des Zählens. Korresp.-Bl. der Deutschen Anthropolog. Gesellsch. 1911 S. 53–55.

Weule, K. Vom Kerbstock zum Alphabet. Stuttgart 1915.

Winckler, H. Die babylonische Geisteskultur. Leipzig 1907.

Woisin, J. De Graecorum notis numeralibus. Dissertation. Kiel 1886.